Леонид Кусковский

О некоторых системах дифференциальных уравнений в частных производных

Леонид Кусковский

О некоторых системах дифференциальных уравнений в частных производных

LAP LAMBERT Academic Publishing

Impressum / Выходные данные
Bibliografische Information der Deutschen Nationalbibliothek: Die Deutsche Nationalbibliothek verzeichnet diese Publikation in der Deutschen Nationalbibliografie; detaillierte bibliografische Daten sind im Internet über http://dnb.d-nb.de abrufbar.

Библиографическая информация, изданная Немецкой Национальной Библиотекой. Немецкая Национальная Библиотека включает данную публикацию в Немецкий Книжный Каталог; с подробными библиографическими данными можно ознакомиться в Интернете по адресу http://dnb.d-nb.de.

Coverbild / Изображение на обложке предоставлено: www.ingimage.com

Verlag / Издатель:
LAP LAMBERT Academic Publishing
ist ein Imprint der / является торговой маркой
OmniScriptum GmbH & Co. KG
Heinrich-Böcking-Str. 6-8, 66121 Saarbrücken, Deutschland / Германия
Email / электронная почта: info@lap-publishing.com

Herstellung: siehe letzte Seite /
Напечатано: см. последнюю страницу
ISBN: 978-3-659-33595-2

Л. Н. КУСКОВСКИЙ

О некоторых системах дифференциальных уравнений в частных производных

В этой небольшой монографии указано несколько подходов к исследованию систем дифференциальных уравнений, существенно обобщающих известную систему Коши – Римана.

Приводятся некоторые приложения.

Памяти профессора
Владимира Семёновича Фёдорова
посвящается

Предисловие

Для исследования многих систем вещественных дифференциальных уравнений в частных производных удобней представить их в комплексном виде. Так [7, с. 143] комплексная запись системы вещественных уравнений

$$\partial u/\partial x - \partial v/\partial y = a u + b v + f,$$
$$\partial u/\partial y + \partial v/\partial x = c u + d v + g, \qquad (0.1)$$

где a, b, c, d -- функции, непрерывные от переменных x и y в некоторой области плоскости, имеет вид

$$\partial w/\partial \bar{z} = A w + B \bar{w} + F, \qquad (0.2)$$

где $z = x + iy$, $w = u + iv$, $\bar{w} = u + iv$, $A = (1/4)(a - d + ic + ib)$,

$B = (1/4)(a + d + ic - ib)$, $F = (1/2)(f + ig)$, $i^2 = -1$, $\partial/\partial\bar{z} = (1/2)(\partial/\partial x + i\partial/\partial y)$.

Система (0.1), где f = 0 и g = 0 , впервые рассматривалась шведским математиком Т. Карлеманом [33] в 1933г. Им доказана для решений этой системы теорема единственности, аналогичная теореме единственности для голоморфных (аналитических) от z функций.

Подробное исследование системы (0.1) ((0.2)) (обобщающую систему Коши – Римана) для различных пространств функций провел И. Н. Векуа [7]. Комплексные решения $w(z) = u(x,y) + iv(x,y)$ этой системы названы им обобщёнными аналитическими функциями. Эти функции обладают многими свойствами, которыми обладают обычные голоморфные (аналитические) от z функции. Для них изучены основные краевые (граничные) задачи, аналогичные известным краевым задачам теории голоморфных от z функций, а также даны приложения к некоторым задачам геометрии, механики и теории упругости.

В предлагаемой нами небольшой книге указаны несколько подходов к исследованию систем линейных дифференциальных уравнений, существенно обобщающих известную систему Коши – Римана.

Несколько слов о системе нумерации. В пределах каждой главы параграфы имеют двойную нумерацию: первая цифра обозначает номер главы, вторая – номер параграфа. В пределах каждого параграфа принята тройная нумерация определений, теорем, замечаний, примеров и формул. Первая цифра обозначает главу, вторая – параграф, третья – нумерацию внутри параграфа.

Глава I

О КРАЕВЫХ ЗАДАЧАХ ТИПА РИМАНА – ГИЛЬБЕРТА И ПУАНКАРЕ

§ 1. 1. Предварительные сведения и обозначения

Мы напомним некоторые понятия и обозначения, необходимые в дальнейшем.

1. 1. 1. Гладкие кривые и контуры

Определение 1.1.1. Множество точек L плоскости $z = x + iy$ с уравнением

$$L = \{ t = x + iy: x = x(s), y = y(s), s \in [s_{a,} s_b], s_a < s_b \}$$

называется *гладкой кривой,* если функции *x(s)* и *y(s)* обладают непрерывными первыми производными при $s \in [s_{a,} s_b]$, причём различным значениям $(s_1 \neq s_2)$ дуговой абсциссы s (s – натуральный параметр) соответствуют различные точки $(t(s_1) \neq t(s_2))$ кривой L , т.е. кривая L не имеет точек самопересечений.

Производная

$$dt/ds = x_s' + y_s' \quad ([x_s']^2 + [y_s']^2 = 1)$$

представляется в виде

$$dt/ds = e^{i\theta(s)}, s \in [s_{a,} s_b],$$

где $\theta = \theta(s)$ – угол наклона касательной в точке t(s) кривой L с осью Ox , являющийся непрерывной функцией. Если концы кривой L

$$a = t(s_a) = (x(s_a), y(s_a)) \text{ и } b = (t(s_b) = (x(s_b), y(s_b))$$

совпадают, причём $\theta(s_a) = \theta(s_b)$, то такую кривую называют *гладким контуром.*

Говорят, что контур L области D *положительно ориентирован* относительно этой области, если на нём установлено направление, при движении по которому область D остаётся слева. Для односвязной ограниченной области положительная ориентация её контура означает направление обхода против хода часовой стрелки. Такую область D обычно обозначают через D^+, а область, находящуюся справа от L – через D^-. Ясно, что D^+, D^- и L – непересекающиеся множества.

1. 1.2. Условие Гёльдера

Определение 1.1.2. Говорят, что функция $\varphi(z)$ удовлетворяет *условию Гёльдера* H(ν) в области D плоскости $z = x + iy$, если для любых двух точек $z_1, z_2 \in D$ имеет место

$$|\varphi(z_2) - \varphi(z_1)| \le H(\varphi)\,|z_2 - z_1|^{\nu}, \quad H(\varphi) > 0, \quad 0 < \nu \le 1.$$

Число ν называется *показателем Гёльдера*, а $H(\varphi)$ - *константой Гёльдера* функции φ(z).

Аналогично определяется *условие Гёльдера* для функции φ(t), заданной на кривой или контуре L .

Замечание 1.1.1. Свойства функций, удовлетворяющих *условию Гёльдера* в области (на гладких кривых), подробно изложены в [27 , с. 24 –30].

Обозначения

G – конечная односвязная область плоскости $z = x + iy$, $i^2 = -1$.

∂G – замкнутая гладкая положительно ориентированная граница G.

$C^k(G)\left(C^k(\partial G)\right)$ – пространство комплекснозначных функций, имеющих в G (на ∂G) непрерывные частные производные до порядка k включительно, $k = 0,1,2,\ldots$.

$C_\nu^k(G)$ $\left(C_\nu^k(\partial G)\right)$ – пространство функций $f \in C^k(G)$ $\left(f \in C^k(\partial G)\right)$, удовлетворяющих в G (на ∂G) условию Гёльдера с показателем $0 < \nu \le 1$.

C^K *(G, A)* – пространство комплекснозначных функций класса $C^k(G)$, принимающих значения в алгебре *A*.

$\|f\|_C = \max_t |f(t)|$, $t \in \partial G$ – норма в пространстве $f \in C^0(\partial G)$;

$\|f\|_\nu = \|f\|_C + \sup_{t_1, t_2} \dfrac{|f(t_2) - f(t_1)|}{|t_2 - t_1|^\nu}$, $\forall t, t_1, t_2 \in \partial G$ – норма в пространстве функций $f \in C_\nu^0(\partial G)$.

Известно, что относительно введённых норм пространства $C^0(\partial G)$ и $C_\nu^0(\partial G)$ являются полными линейными нормированными пространствами, т.е. пространствами Банаха.

1. 1. 3. Интегральные представления. При исследовании краевых задач нам понадобятся интегральные представления, полученные И. Н. Векуа [5, с. 146].

Теорема 1.1.1. *Если функция Φ(z) голоморфна в области D , то в каждой точке z∈ D*

$$\Phi(z) = \int_{\partial D} \frac{\mu(t) t ds}{t - z} + ic, \quad \Phi(z) \in C_\nu^0\ (D \cup \partial D) \tag{1.1.1}$$

и

$$\Phi(z) = \int_{\partial D} loge(1 - \tfrac{z}{t}) \mu(t) ds + ic, \quad \Phi(z) \in C_\nu^1\ (D \cup \partial D), \tag{1.1.2}$$

где вещественная функция μ(t) класса $C_\nu^0(\partial D)$ *и вещественная постоянная c единственным образом определяются по заданной функции Φ(z).*

Результаты этой главы изложены в статьях [14 – 17].

§ 1.2. О рассматриваемой системе

1 .2.1. Метод исследования. Объектом нашего исследования является система

$$\frac{\partial U}{\partial x}-\frac{\partial V}{\partial y}=a_{11}U-ia_{12}V+f_1,$$
$$\frac{\partial U}{\partial y}+\frac{\partial V}{\partial x}=ia_{12}U+a_{11}V+f_2, \qquad (1.2.1)$$

где $U, V\in C^2(G),\ a_{11}, a_{12},\ f_1, f_2 \in C^1(\overline{G}),\ i^2=-1.$

Для исследования этой системы вводится *алгебра* A *комплексных двойных чисел* $\alpha = a+be$ ($\bar{\alpha} = a - be$), a, b *– комплексные*, $e^2=+1$ [28]. Для любого элемента $f(x,y) = f_1(x,y) + f_2(x,y)\, e \in A$, где $f_k(x,y) \in C^0(\bar{G})$

(k = 1, 2), введём норму $\| f \| = \|f_1\| + \|f_2\|$, $\|f_k\| = \max_{(x,y)\in \bar{G}} | f_k(x,y)|$. Тогда *A – банахова алгебра.*

Напомним, что *алгебра* над полем комплексных чисел **C** – это векторное пространство A над этим полем, в котором любым двум элементам $x, y\in A$, взятым в определённом порядке, сопоставлен однозначно определённый элемент из A, обозначаемый xy и называемый их *произведением*, причём выполняются аксиомы:

1) $x(y+z) = xy + xz;$

2) $(y+z)x = yx + zx;$

3) $(\beta x) = x(\beta y) = \beta (xy);$

4) $(xy)z = x(yz),$

где β – произвольное комплексное число.

Нормированной комплексной алгеброй называется алгебра A над полем **C**, снабженная нормой $x \to \| x \|$, такой, что $\forall x, y \in A$

$$\| x y \| \le \| x \| \| y \|.$$

Если A - *полное* по этой норме пространство, то говорят, что A - *банахова алгебра.*

Исследования проводятся при помощи формальных производных с использованием свойств функций из A, моногенных в смысле В. С. Федорова (F – моногенных).

Пусть $p(x, y), q(x, y) \in C^2(\bar{G}, A)$. Полагаем

$$\delta \equiv p_1 q_2 - p_2 q_1,$$

здесь и в дальнейшем $p_1 = p_x, p_2 = p_y;\ q_1 = q_x, q_2 = q_y$. Предполагая, что δ^{-1} существует в каждой точке области G, определим операторы дифференцирования

$$\frac{\partial}{\partial p} \equiv \delta^{-1}\left(q_2 \frac{\partial}{\partial x} - q_1 \frac{\partial}{\partial y}\right); \qquad (1.2.2)$$

$$\frac{\partial}{\partial q} \equiv \delta^{-1}\left(p_1 \frac{\partial}{\partial y} - p_2 \frac{\partial}{\partial x}\right).$$

Очевидно следствие: $df(x, y) = \frac{\partial f}{\partial p} dp + \frac{\partial f}{\partial q} dq$.

Определение 1.2.1. [29] Функция $f(x, y) \in C^1(G, A)$ называется *моногенной по* p (по q) в области G, если во всей области G

$$\frac{\partial f}{\partial q} = 0, \qquad \left(\frac{\partial f}{\partial p} = 0\right).$$

1.2.2. Основные рассмотрения, связанные с системой (1.2.1).

Найдём общее решение системы (1.2.1). Для этого положив

$$U(x, y) = u(x, y), \quad V(x, y) = iv(x, y),$$

сложим первое уравнение системы со вторым и, вычтя первое уравнение из второго, получим

$$u_x + iv_x + u_y - iv_y = (a_{11} + ia_{12})u + (a_{12} + ia_{11})v + (f_1 + f_2),$$

$$-u_x + iv_x + u_y + iv_y = (ia_{12} - a_{11})u + (ia_{11} - a_{12})v + (f_2 - f_1). \qquad (1.2.3)$$

Пусть $p(x, y) = (1 + ie)x + (1 - ie)y$, $q(x, y) = k(x, y) + l(x, y)e$, причём

$$\frac{\partial}{\partial z}(k+l)\neq 0 \quad ,\frac{\partial}{\partial \bar z}(k-l)\neq 0 \text{ в области } G. \qquad (1.2.4)$$

Отсюда, как нетрудно проверить, $p_1 p_2 = 2,\ p_1^2 + p_2^2 = 0,$

$$\delta\bar\delta = 2\,[\,(k_1 - il_2)^2 - i^2(k_2 + il_1)^2],$$

и в силу (1.2.4) δ^{-1} существует в каждой точке области G. Помножим теперь первое уравнение (1.2.3) на ie и сложим со вторым. Учитывая (1.2.2), система (1.2.1) запишется в виде

$$\delta\frac{\partial w}{\partial q} = A\,w + f, \qquad (1.2.5)$$

где $w=u+ve$, $A=b+ce$, $b=ia_{12}-a_{11}$, $c=ia_{11}-a_{12}$, $f=(i+e)(if_1+f_2e)$. (1.2.6)

1. 2.3. Основное решение. Рассмотрим функцию

$$w(x,y) = \frac{1}{2\pi p_1 p_2}\iint_G f(\xi,\eta)(p_1\varphi_1 - p_2\varphi_2)\delta\, d\xi d\eta, \qquad (1.2.7)$$

где $f\in C^1(G,A)$, $\varphi=\ln r$, $r^2=(\xi-x)^2+(\eta-y)^2$, $\varphi_1=\varphi_\xi$, $\varphi_2=\varphi_\eta$,

$$\delta=\delta(\xi,\eta)=p_1q_2(\xi,\eta)-p_2q_1(\xi,\eta).$$

Пусть $q(\xi,\eta)\in C^2(G,A)$ гармоническая в G. Обозначим

$$\tilde\delta = p_1q_1(\xi,\eta)+p_2q_2(\xi,\eta).$$

Имеет место

Теорема 1.2.1. *Функция $w(x,y)$ (1.2.7) является решением уравнения*

$$\frac{\partial w}{\partial q} = f(x,y). \qquad (1.2.8)$$

Доказательство. Рассмотрим функцию

$$I(x,y)=\int_{\partial G} f(\xi,\eta)\varphi\,(-\delta d\xi+\tilde\delta d\eta). \qquad (1.2.9)$$

Так как $q(\xi,\eta)$ гармоническая в G, по теореме Стокса имеем

$$I(x,y)=\iint_G f(\xi,\eta)(\varphi_1\tilde\delta+\varphi_2\delta)d\xi d\eta + \iint_G \varphi\left(\frac{\partial f}{\partial\xi}\tilde\delta+\frac{\partial f}{\partial\eta}\delta\right)d\xi d\eta.$$

Пользуясь тем, что $p_1^2+p_2^2=0$, имеем $p_2\tilde\delta=-p_1\delta$. Отсюда

$$p_2 I(x,y) =$$

$$-\left[\iint_G \varphi\left(p_1\frac{\partial f}{\partial \xi} - p_2\frac{\partial f}{\partial \eta}\right)\delta d\xi d\eta + \iint_G f(\xi,\eta)(\,p_1\varphi_1 - p_2\varphi_2)\delta d\xi d\eta\right]. \quad (1.2.10)$$

Из (1.2.9) следует, что

$$p_2 I(x,y) = -\int_{\partial G}(\delta f)(\xi,\eta)\varphi(p_2 d\xi + p_1\, d\eta) \equiv -J. \quad (1.2.11)$$

Полагая

$$J_{\partial G} \equiv \delta(x,y)\frac{\partial J}{\partial q} = p_1\frac{\partial J}{\partial y} - p_2\frac{\partial J}{\partial x},$$

где $\delta(x, y) = p_1 q_2 - p_2 q_1$, $q = q(x, y)$, *имеем*

$$J_{\partial G} = -p_1\int_{\partial G}(\delta f)(\xi,\eta)[(\,p_1\varphi_1 + p_2\varphi_2)d\xi + (p_1\varphi_2 - p_2\varphi_1)d\eta].$$

Отсюда

$$J_{\partial G} = J_{\partial U_\varepsilon} - p_1\iint_{G_\varepsilon}[\frac{\partial f}{\partial \xi}(p_1\varphi_2 - p_2\varphi_1) - \frac{\partial f}{\partial \eta}(p_1\varphi_1 + p_2\varphi_2)]\delta(\xi,\eta)\, d\xi d\eta,$$

где G_ε – область G с выброшенным кругом $U_\varepsilon(z) = \{\zeta : |\zeta - z| \le \varepsilon\}$.

При $\varepsilon \to 0$ имеем

$$\delta\frac{\partial J}{\partial q} = 2\pi p_1 p_2(\delta f)(x,y) - p_1\iint_G [\frac{\partial f}{\partial \xi}(p_1\varphi_2 - p_2\varphi_1)$$

$$-\frac{\partial f}{\partial \eta}(p_1\varphi_1 + p_2\varphi_2)]\delta d\xi d\eta. \quad (1.2.12)$$

С другой стороны, из (1.2.10) и (1.2.11) следует, что

$$\delta\frac{\partial J}{\partial q} = -\iint_G(p_1\varphi_2 - p_2\varphi_1)(p_1\frac{\partial f}{\partial \xi} - p_2\frac{\partial f}{\partial \eta})\,\delta d\xi d\eta + \delta\frac{\partial \widetilde{w}}{\partial q}, \quad (1.2.13)$$

где

$$\widetilde{w}(x,y) = \iint_G f(\xi,\eta)(p_1\varphi_1 - p_2\varphi_2)\delta(\xi,\eta)d\xi d\eta.$$

Сравнивая (1.2.12) и (1.2.13), получим (1.2.8), где $w(x, y) = \frac{1}{2\pi p_1 p_2}\widetilde{w}(x,y)$. Теорема доказана.

Следовательно, общим решением уравнения (1.2.8) будет функция

$$W(x, y) = w(x, y) + h(x, y), \tag{1.2.14}$$

где $h(x, y)$ – любая функция, моногенная относительно $p(x, y)$, и, согласно [14] и (1.2.7),

$$h(x, y) = \frac{1}{2\pi p_1 p_2}\int_{\partial G} W(\xi,\eta)(p_1\varphi_1 - p_2\varphi_2)(p_1 d\xi + p_2 d\eta).$$

Нетрудно доказать следующую лемму.

Лемма 1.2.1. *Функция* $h(x, y) = h_1(x,y) + h_2(x,y)e \in C^1(G,A)$ *моногенна по* $p(x, y)$ *в области* G *тогда и только тогда, когда в* G

$$\frac{\partial}{\partial z}(h_1 + h_2) = 0, \quad \frac{\partial}{\partial \bar z}(h_1 - h_2) = 0.$$

Следствие 1.2.1. *В области* G $(h_1 - h_2)(z)$ *любая функция голоморфная от* z, *а* $(h_1 + h_2)(z)$ – *любая функция голоморфная от* $\bar z$.

Функция $w(x, y) = u + ue$ (1.2.7) имеет вид

$$u(x, y) = -\frac{1}{2\pi}\Big[\iint_G \frac{(f_1+f_2)(\xi,\eta)}{\bar\zeta - \bar z} * \frac{\partial}{\partial \zeta}(k + l)d\xi d\eta +$$

$$+ \iint_G \frac{(f_1-f_2)(\xi,\eta)}{\zeta - z} * \frac{\partial}{\partial \bar\zeta}(k - l)d\xi d\eta\Big],$$

$$v(x, y) = -\frac{1}{2\pi}\Big[\iint_G \frac{(f_1+f_2)(\xi,\eta)}{\bar\zeta - \bar z} * \frac{\partial}{\partial \zeta}(k + l)d\xi d\eta -$$

$$- \iint_G \frac{(f_1-f_2)(\xi,\eta)}{\zeta - z} * \frac{\partial}{\partial \bar\zeta}(k - l)d\xi d\eta\Big],$$

где $f(x, y) = f_1(x,y) + f_2(x,y)e$, $\zeta = \xi + i\eta$, $z = x + iy$.

1.2.4. О представлении решений. Запишем уравнение (1.2.5) в виде

$$\frac{\partial w}{\partial q} = Bw + g, \tag{1.2.15}$$

где $B = \delta^{-1}A$, $g = \delta^{-1}f$.

Теорема 1.2.2. *Общее решение уравнения* (1.2.15) *имеет вид*

$$w(x,y) = exp\langle\omega(x,y)\rangle[h(x,y) + \omega_0(x,y)], \qquad (1.2.16)$$

где $h(x, y)$ – любая функция, F- моногенная по $p(x, y)$, $\omega_0(x, y)$ – частное решение уравнения

$$\frac{\partial\omega_0}{\partial q} = exp\langle-\omega(x,y)\rangle g, \qquad (1.2.1\dot{6})$$

$$\omega(x,y) = \frac{1}{4\pi}\iint_G A(\xi,\eta)(p_1\varphi_1 - p_2\varphi_2)d\xi d\eta. \qquad (1.2.1\ddot{6})$$

Доказательство. Пусть $\Theta(x, y)$ – произвольное решение уравнения

$$\frac{\partial w}{\partial q} = Bw. \qquad (1.2.17)$$

Покажем, что функция $h(x,y) = exp\langle-\omega(x,y)\rangle\Theta(x,y)$ моногенная по $p(x,y)$.

Действительно, в силу теоремы 1.2.1 имеем

$$\frac{\partial h}{\partial q} = exp\langle-\omega(x,y)\rangle\frac{\partial\omega}{\partial q}\theta + exp\langle-\omega(x,y)\rangle\frac{\partial\theta}{\partial q} =$$

$$= -exp\langle-\omega(x,y)\rangle B\theta + exp\langle-\omega(x,y)\rangle B\theta = 0.$$

Таким образом, общее решение уравнения (1.2.17) имеет вид

$$\Theta(x,y) = exp\langle\omega(x,y)\rangle h(x,y).$$

Теперь докажем, что общее решение уравнения (1.2.15) имеет вид

$$w(x,y) = \theta(x,y) + \tilde{\theta}(x,y), \qquad (1.2.18)$$

где

$$\tilde{\theta}(x,y) = exp\langle\omega(x,y)\rangle\omega_0(x,y), \qquad (1.2.19)$$

$\omega_0(x,y)$ – частное решение уравнения (1.2.1$\dot{6}$) при условии (1.2.1$\ddot{6}$). В самом деле, подставляя (1.2.19) в (1.2.15), получим

$$\frac{\partial\tilde{\theta}}{\partial q} = B\tilde{\theta} + exp\langle\omega(x,y)\rangle\frac{\partial\omega_0}{\partial q} = B\tilde{\theta} + g.$$

Отсюда и из (1.2.18) и (1.2.19) следует (1.2.16). Теорема доказана.

Согласно теореме 1.2.1, можем взять

$$\omega_0(x,y) = \frac{1}{4\pi}\iint_G exp\langle-\omega(\xi,\eta)\rangle f(\xi,\eta)(p_1\varphi_1 - p_2\varphi_2)d\xi d\eta.$$

Замечание 1.2.1. Уравнение (1.2.17) расщепляется на два уравнения

$$\frac{\partial F_1}{\partial z} = \frac{1}{2} C_1(x,y) F_1(x,y), \qquad (1.2.20)$$

где

$$C_1(x,y) = (a_{11} + a_{12})(x,y), \qquad F_1(x,y) = (u+v)(x,y) \qquad (1.2.21)$$

$$\frac{\partial F_2}{\partial \bar{z}} = \frac{1}{2} C_2(x,y) F_2(x,y), \qquad (1.2.22)$$

где

$$C_2(x,y) = (a_{11} - a_{12})(x,y), \quad F_2(x,y) = (u-v)(x,y). \qquad (1.2.23)$$

В силу теоремы 1.2.2, расщепляя обе части равенства (1.2.16), получим, что общим решением каждого из уравнений (1.2.20) и (1.2.22) будет

$$F_1(\bar{z}) = \Phi_1(\bar{z}) exp\langle \Omega_1(\bar{z}) \rangle,$$

где

$$\Phi_1(\bar{z}) = (h_1 + h_2)(z), \quad \Omega_1(\bar{z}) = -\frac{1}{2\pi} \iint_G \frac{C_1(\xi, \eta)}{\bar{\zeta} - \bar{z}} d\xi d\eta, \qquad (1.2.24)$$

$$F_2(z) = \Phi_2(z) exp\langle \Omega_2(z) \rangle,$$

где $\Phi_2(z) = (h_1 - h_2)(z), \quad \Omega_2(z) = -\frac{1}{2\pi} \iint_G \frac{C_2(\xi, \eta)}{\zeta - z} d\xi d\eta.$ (1.2.25)

Согласно лемме 1.2.1, $\Phi_1(\bar{z})$, $\Phi_2(z)$ – произвольные функции, голоморфные от $\bar{z}(z)$ в области G.

Для дальнейшего необходимо предложение, установленное И. Н. Векуа [6].

Основная лемма. *Если F - решение в G уравнения (1.2.22),(1.2.20), непрерывное на ∂G и принимающее там значение функции, голоморфной вне $\bar{G}$ и исчезающей на бесконечности, то $F \equiv 0$ в G.*

§ 1. 3. Интегральные уравнения

Рассмотрим однородное уравнение уравнения (1.2.15)

$$\frac{\partial w}{\partial q} = Bw. \qquad (1.3.1)$$

Согласно теореме 1.2.1, равенствам (1.2.5) и (1.2.14), можно составить для него интегральное уравнение

$$w(x, y) - \frac{1}{4\pi} \iint_G (Aw)(\xi, \eta)\,(p_1\varphi_1 - p_2\varphi_2)\, d\xi d\eta = h(x, y). \qquad (1.3.2)$$

Положив $h(x, y) = h_1(x, y) + h_2(x, y)e$ и произведя в (1.3.2) соответствующие вычисления, получим

$$u - \frac{1}{4\pi} \iint_G [(P + iQ)\varphi_1 + (-P + iQ)\varphi_2]\, d\xi d\eta = h_1,$$

$$v - \frac{1}{4\pi} \iint_G [(iP + Q)\varphi_1 + (iP - Q)\varphi_2]\, d\xi d\eta = h_2,$$

где $P = bu + cv$, $Q = cu + bv$ (см. (1.2.6). Сложим первое уравнение со вторым и вычтем второе уравнение из первого, получим интегральные уравнения

$$F_1 + KF_1 = \Phi_1, \qquad (1.3.3)$$

$$F_2 + TF_2 = \Phi_2, \qquad (1.3.4)$$

где

$$(KF_1)(\bar z) = \iint_G K(\bar\zeta, \bar z) F_1(\bar\zeta)\, d\xi d\eta, \quad K(\bar\zeta, \bar z) = \frac{1}{2\pi} \frac{C_1(\xi,\eta)}{\bar\zeta - \bar z},$$

$$(TF_2)(z) = \iint_G T(\zeta, z) F_2(\zeta)\, d\xi d\eta, \quad T(\zeta, z) = \frac{1}{2\pi} \frac{C_2(\xi,\eta)}{\zeta - z},$$

где $C_1, C_2, F_1, F_2, \Phi_1, \Phi_2$ определяются равенствами (1.2.21), (1.2.23), (1.2.24), (1.2.25).

Из самого вывода уравнений (1.3.3), (1.3.4) ясно, что $F_1(\bar z)$, $F_2(z)$, являясь решениями однородных уравнений

$$F_1 + KF_1 = 0, \qquad (1.3.5)$$

$$F_2 + TF_2 = 0, \qquad (1.3.6)$$

будут также решениями уравнений (1.2.20) и (1.2.22) соответственно. Кроме того, решения F_1, F_2 уравнений (1.3.5), (1.3.6) удовлетворяют всем требованиям *основной леммы* и, следовательно, $F_1 \equiv 0, F_2 \equiv 0$ в G. Это значит, что интегральные уравнения (1.3.3) и (1.3.4) разрешимы и единственное решение этих уравнений представляется [10] через резольвенты $R_1(\bar{\zeta},\bar{z})$, $R_2(\zeta,z)$ ядер $K(\bar{\zeta},\bar{z})$ и $T(\zeta, z)$ по формулам

$$F_1(\bar{z}) = \Phi_1(\bar{z}) + \iint_G R_1(\bar{\zeta},\bar{z})\Phi_1(\bar{\zeta})d\xi d\eta, \qquad (1.3.7)$$

$$F_2(z) = \Phi_2(z) + \iint_G R_2(\zeta,z)\Phi_2(\zeta)d\xi d\eta, \qquad (1.3.8)$$

где

$$R_1(\bar{\zeta},\bar{z}) = \sum_{j=1}^{\infty} K_j(\bar{\zeta},\bar{z}), \qquad R_2(\zeta,z) = \sum_{k=1}^{\infty} T_k(\zeta,z),$$

$$K_n(\bar{\zeta},\bar{z}) = \iint_G K(\bar{\zeta}_1,\bar{z})K_{n-1}(\bar{\zeta}_1,\bar{\zeta})d\xi_1 d\eta_1 \qquad (n = 2, 3, \ldots),$$

$$T_n(\zeta,z) = \iint_G T(\zeta_1,z)T_{n-1}(\zeta_1,\zeta)d\xi_1 d\eta_1 \qquad (n = 2, 3, \ldots),$$

Введем сдвоенное пространство $E \times E$ с нормой $\|(u, v)\| = \|u\| + \|v\|$, где E – банахово пространство непрерывных комплексных функций с нормой $\|f\| = \max_{z\in\bar{G}} |f(z)|$. В этом пространстве из (1.3.7), (1.3.8) имеем

$$\begin{pmatrix} u(x,y) \\ v(x,y) \end{pmatrix} = \frac{1}{2}\left[\begin{pmatrix} 1 & 1 \\ 1 & -1 \end{pmatrix}\begin{pmatrix} \Phi_1(\bar{z}) \\ \Phi_2(z) \end{pmatrix} + \iint_G \begin{pmatrix} R_1(\bar{\zeta},\bar{z}) & R_2(\zeta,z) \\ R_1(\bar{\zeta},\bar{z}) & -R_2(\zeta,z) \end{pmatrix}\begin{pmatrix} \Phi_1(\bar{\zeta}) \\ \Phi_2(\zeta) \end{pmatrix} d\xi d\eta\right]. \qquad (1.3.9)$$

Формула (1.3.9) дает интегральное представление всех решений уравнения (1.3.1) через произвольные голоморфные относительно своих аргументов функции $\Phi_1(\bar{z}), \Phi_2(z)$.

§ 1. 4. Краевая задача типа Римана – Гильберта

Поставим краевую задачу, аналогичную задаче Римана – Гильберта . Требуется определить решение *(u, v)* однородной системы (1.2.1) (эквивалентное (1.3.1)), непрерывное в $\overline{G}$ по краевому условию

$$Re\left[\begin{pmatrix}\alpha_1(t) & 0\\ 0 & \alpha_2(t)\end{pmatrix}\begin{pmatrix}u(t)\\ v(t)\end{pmatrix}\right] = \begin{pmatrix}\gamma_1(t)\\ \gamma_2(t)\end{pmatrix}, \quad t\in \partial G, \tag{1.4.1}$$

где $\gamma_k(t)$ $(k = 1, 2)$ и комплекснозначные $\alpha_k(t)$ – заданные на ∂G функции, удовлетворяющие условию Гёльдера, причём

$$|\alpha_k| \neq 0, \quad k = 1, 2. \quad \forall\ t \in \partial G.$$

Без ограничения общности, пусть $0\in G$ и $Im\Phi_k(0) = 0$. Тогда в силу (1.1.1) функцию $\Phi_k(z)$ $(k = 1, 2)$ можно искать в виде

$$\Phi_k(z) = \int_{\partial G} \frac{t\, \mu_{k(t)}\, ds}{t-z}, \qquad k = 1, 2. \tag{1.4.2}$$

где $\mu_k(t) \in C_v^0(\partial G) -$ неизвестная вещественная функция.

Подставляя (1.4.2) в интегральное уравнение (1.3.9) и переходя к пределу при $z \to t_0 \in \partial G$ изнутри области *G*, приведём сформулированную задачу (1.4.1) к сингулярному интегральному уравнению для определения функций $\mu_1(t)$ и $\mu_2(t)$, именно

$$Re\left\{\pi i\alpha(t_0)\mu(t_0) + \int_{\partial G}\left[\beta(t_0,t) + Q(t_0,t)\right]\mu(t)ds\right\} = \gamma(t_0), \tag{1.4.3}$$

где

$$\alpha(t_0) = \begin{pmatrix}-\alpha_1(t_0)\bar{t}_0 t_0' & \alpha_1(t_0)\, t_0\, \overline{t_0'}\\ -\alpha_2(t_0)\bar{t}_0 t_0' & -\alpha_2(t_0) t_0\, \overline{t_0'}\end{pmatrix}, \qquad t' = \frac{dt}{ds},$$

$$\beta(t_0,t) = \begin{pmatrix}\dfrac{\alpha_{1(t_0)}\bar{t}}{\overline{t- t_0}} & \dfrac{\alpha_1(t_0)\ t}{t - t_0}\\ \dfrac{-\alpha_2(t_0)\bar{t}}{\overline{t} - \overline{t_0}} & \dfrac{-\alpha_2(t_0)\ t}{t - t_0}\end{pmatrix}, \quad \mu(t) = \begin{pmatrix}\mu_1(t)\\ \mu_2(t)\end{pmatrix}, \qquad \gamma(t) = \begin{pmatrix}\gamma_1(t)\\ \gamma_2(t)\end{pmatrix},$$

$$Q(t_0,\ t) = \begin{pmatrix} \alpha_1(t_0) & 0 \\ 0 & \alpha_2(t_0) \end{pmatrix} \iint_G R(t_0, t, \zeta)\, d\xi d\eta,$$

где

$$R(t_0, t, \zeta) = \begin{pmatrix} \frac{-R_1(\bar{\zeta}, \bar{t}_0)\bar{t}}{\bar{t}-\bar{\zeta}} & \frac{R_2(\zeta, t_0)t}{t-\zeta} \\ -\frac{R_1(\bar{\zeta}, \bar{t}_0)\bar{t}}{\bar{t}-\bar{\zeta}} & -\frac{R_2(\zeta, t_0)t}{t-\zeta} \end{pmatrix}.$$

Обозначив

$$\alpha^*(t_0) = Re[\pi i \alpha(t_0)],$$

$$K(t_0, t) = (t - t_0)\bar{t}' Re[\beta(t_0, t) + Q(t_0, t)],$$

уравнение (1.4.3) запишется в виде

$$\alpha^*(t_0)\mu(t_0) + \int_G \frac{K(t_0, t)}{t - t_0} \mu(t) dt = \gamma(t_0). \qquad (1.4.4)$$

Решения уравнения вида (1.4.4) изложены полностью в монографиях А.В. Бицадзе [4 , с. 95] и Н. П. Векуа [8 , с.59 – 61].

В силу тождества

$$\frac{ds}{\bar{t} - \bar{t}_0} = \frac{t' dt}{t - t_0} + t' d \log \frac{\bar{t} - \bar{t}_0}{t - t_0}$$

первый интеграл в уравнении (1.4.3) можно записать в виде:

$$\int_{\partial G} \beta(t_0, t)\mu(t) ds = \int_{\partial G} \frac{\alpha(t_0, t)}{t - t_0} \mu(t) dt + \int_{\partial G} \alpha_*(t_0, t)\mu(t) d \log \frac{\bar{t} - \bar{t}_0}{t - t_0},$$

где

$$\alpha(t_0, t) = \begin{pmatrix} -\alpha_1(t_0)\bar{t}t' & \alpha_1(t_0)t\bar{t}' \\ -\alpha_2(t_0)\bar{t}t' & -\alpha_2(t_0)t\bar{t}' \end{pmatrix},$$

$$\alpha_*(t_0, t) = \begin{pmatrix} -\alpha_1(t_0)\bar{t}t' & 0 \\ -\alpha_2(t_0)\bar{t}t' & 0 \end{pmatrix}.$$

Теперь уравнение (14.3) примет вид

$$Re\left\{\pi i\alpha(t_0)\mu(t_0) + \int_{\partial G}\left[\frac{\alpha(t_0,t)}{t-t_0} + \tilde{\alpha}_*(t_0,t) + Q(t_0,t)\bar{t}'\right]\mu(t)dt\right\} =$$

$$= \gamma(t_0), \tag{1.4.5}$$

где

$$\tilde{\alpha}_*(t_0,t) = \alpha_*(t_0,t)\frac{d\log\frac{\bar{t}-\bar{t}_0}{t-t_0}}{dt}.$$

В обозначениях

$$\alpha^*(t_0) = Re\{\pi i\alpha(t_0)\}, \qquad \beta^*(t_0) = K_*(t_0,t_0) = Im\, i\alpha(t_0),$$

$$K_*(t_0,t) = (t-t_0)Re\left\{\frac{\alpha(t_0,t)}{t-t_0} + \tilde{\alpha}_*(t_0,t) + Q(t_0,t)\bar{t}'\right\},$$

$$K^*(t_0,t) = \frac{K_*(t_0,t) - K_*(t_0,t_0)}{t-t_0}$$

уравнение (1.4.5) запишется в виде

$$\alpha^*(t_0)\mu(t_0) + \beta^*(t_0)\int_{\partial G}\frac{\mu(t)}{t-t_0}dt + \int_{\partial G}K^*(t_0,t)\mu(t)dt = \gamma(t_0). \tag{1.4.6}$$

В силу приятных предположений относительно функций $\alpha_1(t), \alpha_2(t)$, контура ∂G и вида матрицы $\alpha(t)$ (1.4.3) следует, что

$$det(\alpha^*(t) + i\pi\beta^*(t)) = \pi i \det\alpha(t) = 2\pi i|t|^2\alpha_3(t) \neq 0, \qquad \forall t \in \partial G,$$

где $\alpha_3(t) = \alpha_1(t)\alpha_2(t)$.

Отсюда следуют нетеровость задачи (1.2.1), (1.4.1) и формула индекса

$$\varkappa = \frac{1}{2\pi}\left[\arg\frac{\overline{\alpha_3(t)}}{\alpha_3(t)}\right]\partial G = 2n,$$

где $n = [\arg\bar{\alpha}_3(t)]\partial G$.

Напомним, что индексом $\varkappa$ непрерывной комплекснозначной функции w (t)$\neq$ 0 на контуре ∂G называется приращение её аргумента при однократном обходе ∂G в положительном направлении.

§ 1. 5. Об одной краевой задаче Пуанкаре

Для системы (1.2.1) поставим задачу Пуанкаре: *найти в области* G *решение* $\omega(z)$ *системы* (1.2.1), *принадлежащее пространству* $C_\nu^1(\overline{G})$, *по краевому условию*

$$\operatorname{Re}\left[p^1\omega_x + p^2\omega_y + q\omega\right] = \Upsilon(x,y),\ \ (x,y)\in\partial G, \tag{1.5.1}$$

где p^1, p^2 *и* q *– заданные на* ∂G *комплексные матрицы второго порядка*, принадлежащие пространству $C_\nu^0(\partial G)$, т.е. все элементы матриц являются функциями $C_\nu^0(\partial G)$, *а* $\Upsilon = (\Upsilon_1, \Upsilon_2)$ *– заданный на* ∂G *вещественный вектор пространства* $C_\nu^0(\partial G)$.

Здесь (и в дальнейшем) $\omega_x \equiv \partial\omega/\partial x,\ \ \omega_y \equiv \partial\omega/\partial y.$

Далее, полагая $t = x + iy \in \partial G,$ получим краевое условие, эквивалентное условию (1.5.1):

$$\operatorname{Re}\left[H_1(t)\omega_t + H_2(t)\omega_{\bar t} + q(t)\omega\right] = \Upsilon(t),\ \ t\in\partial G, \tag{1.5.2}$$

где
$$H_1(t) = p^1(t) + ip^2(t),\ \ \ H_2(t) = p^1(t) - ip^2(t). \tag{1.5.3}$$

Так как матрицы p^1 и p^2 – комплексные, то $H_1(t)$ и $H_2(t)$ не являются сопряженными друг к другу. (Комплексное сопряжение всюду будем обозначать чертой сверху над символом).

Далее, в силу (1.1.2) функции $\Phi_1(\bar z),\ \Phi_2(z)$ можем искать в виде:

$$\Phi_k(z) = \int_{\partial G} \log e\left(1 - \frac{z}{t}\right)\mu_k(t)\,ds_t,\ \ z\in G,\ \ k = 1,2. \tag{1.5.4}$$

где $\mu_k(t)\ \in\ C_\nu^0(\partial G)$ – неизвестная вещественная функция. Без ограничения общности считаем, что $0\in G,\ \ \operatorname{Im}\Phi_1(0) = 0,\ \ \operatorname{Im}\Phi_2(0) = 0.$ Под $\log e\left(1 - \frac{z}{t}\right)$ при данном $t\in\partial G$ понимается однозначная в G ветвь этой функции, обращающаяся в единицу при $z = 0$.

Теперь, возвращаясь к представлению (1.3.9), потребуем, чтобы представленное этой формулой решение *(u(x, y),v(x, y))* системы (1.2.1) удовлетворяло условию (1.5.2). В этом случае, подставив выражение (1.5.4) в интегральное уравнение (1.3.9) и переходя к пределу при $z \to t_0 \in \partial G$ изнутри области G, сформулированная задача (1.2.1), (1.5.2) приводится (для определения вектора $\mu(t) = (\mu_1(t), \mu_2(t))$) к сингулярному интегральному уравнению вида:

$$\operatorname{Re}\left[\pi i\left(\widetilde{H}_1(t_0)\bar{t}_0' + \widetilde{H}_2(t_0)t_0'\right)\mu(t_0) + \widetilde{H}_1(t_0)\int_{\partial G}\frac{\mu(t)}{t-t_0}ds_t + \right.$$
$$\left. + \widetilde{H}_2(t_0)\int_{\partial G}\frac{\mu(t)}{\bar{t}-\bar{t}_0}ds_t + \int_{\partial G}\widetilde{Q}(t_0,t,\bar{t}_0,\bar{t})\mu(t)ds_t\right] = \Upsilon(t_0), \tag{1.5.5}$$

где $t = t(s) = x(s) + iy(s)$, s – длина дуги (дуговая абсцисса), отсчитываемая от некоторой точки на ∂G по направлению положительной ориентации ∂G, $t' = dt/ds = dx/ds + idy/ds$,

$$\widetilde{H}_1(t_0) = H_1(t_0)\begin{pmatrix} 0 & -1 \\ 0 & 1 \end{pmatrix}, \quad \widetilde{H}_2(t_0) = H_2(t_0)\begin{pmatrix} 1 & 0 \\ 1 & 0 \end{pmatrix}, \tag{1.5.6}$$

$$\widetilde{Q}(t_0,t,\bar{t}_0,\bar{t}) = \left(Q_{t_0} + Q_{\bar{t}_0} + \widetilde{q}(t_0)P + Q\right)(t_0,t,\bar{t}_0,\bar{t}), \tag{1.5.7}$$

где
$$Q_{t_0} = H_1(t_0)\iint_G R_{t_0}(t_0,\varsigma,\bar{t}_0,\bar{\varsigma})P(t,\bar{t},\varsigma,\bar{\varsigma})d\xi d\eta,$$

$$Q_{\bar{t}_0} = H_2(t_0)\iint_G R_{\bar{t}_0}(t_0,\varsigma,\bar{t}_0,\bar{\varsigma})P(t,\bar{t},\varsigma,\bar{\varsigma})d\xi d\eta,$$

$$Q = q(t_0)\iint_G R(t_0,\varsigma,\bar{t}_0,\bar{\varsigma})P(t,\bar{t},\varsigma,\bar{\varsigma})d\xi d\eta,$$

$$\widetilde{q}(t_0)=q(t_0)\begin{pmatrix}1 & 1\\ 1 & -1\end{pmatrix},\ P(t,\bar{t},\varsigma,\bar{\varsigma})=\begin{pmatrix}-\log e\left(1-\dfrac{\bar{\varsigma}}{\bar{t}}\right) & 0\\ 0 & \log e\left(1-\dfrac{\varsigma}{t}\right)\end{pmatrix},$$

$\varsigma\in G$,

$\varsigma=\xi+i\eta,\ \ H_1(t_0),\ \ H_2(t_0)$ имеют вид (1.5.3). Сингулярные интегралы определяются в смысле главного значения по Коши.

В силу тождества

$$\frac{ds}{\bar{t}-\bar{t}_0}=\frac{t'dt}{t-t_0}+t'd\log\frac{\bar{t}-\bar{t}_0}{t-t_0}$$

уравнение (1.5.5) запишется в виде:

$$\operatorname{Re}\left[\pi i H(t_0)\mu(t_0)+\int_{\partial G}\frac{H(t)\mu(t)}{t-t_0}dt+\right.$$
$$\left.+\int_{\partial G}\left(H_3(t_0,t,\bar{t}_0,\bar{t})t'+\widetilde{Q}(t_0,t,\bar{t}_0,\bar{t})\bar{t}'\right)\mu(t)dt\right]=\Upsilon(t_0), \tag{1.5.8}$$

где
$$H(t)=\widetilde{H}_1(t_0)\bar{t}'+\widetilde{H}_2(t_0)t', \tag{1.5.9}$$

$$H_3(t_0,t,\bar{t}_0,\bar{t})=\widetilde{H}_2(t_0)\frac{d\log\dfrac{\bar{t}-\bar{t}_0}{t-t_0}}{dt}, \tag{1.5.10}$$

$\widetilde{H}_k(t_0),\ k=1{,}2$ и $\widetilde{Q}(t_0,t,\bar{t}_0,\bar{t})$ определяются по (1.5.6) и (1.5.7).

В обозначениях

$$\alpha^*(t_0)=\operatorname{Re}[\pi i H(t_0)],\ \ \beta^*(t_0)=K(t_0,t_0)=\operatorname{Im} iH(t_0), \tag{1.5.11}$$

$$K(t_0,t)=(t-t_0)\operatorname{Re}\left[\frac{H(t)}{t-t_0}+H_3(t_0,t,\bar{t}_0,\bar{t})t'+\widetilde{Q}(t_0,t,\bar{t}_0,\bar{t})\bar{t}'\right], \tag{1.5.12}$$

$$K^*(t_0,t)=\frac{K(t_0,t)-K(t_0,t_0)}{t-t_0}, \tag{1.5.13}$$

уравнение (1.5.8) примет вид:

$$T\mu \equiv \alpha^*(t_0)\mu(t_0)+\beta^*(t_0)\int_{\partial G}\frac{\mu(t)}{t-t_0}dt+\int_{\partial G}K^*(t_0,t)\mu(t)dt=\Upsilon(t_0). \tag{1.5.14}$$

Для дальнейшего необходимо определение.

Определение 1.5.1. [24, с. 177]. Пусть X и Y – банаховы пространства. Оператор $A{:}X\to Y$ называется *компактным* (или *вполне непрерывным*), если он переводит ограниченные множества из X в компактные множества в Y.

Это определение эквивалентно следующему: линейный оператор $A: X\to Y$ *компактен* тогда и только тогда, когда для любой ограниченной последовательности $\{x_n\}\subset X$ последовательность образов $\{Ax_n\}$ имеет подпоследовательность, сходящуюся в Y.

Рассмотрим оператор K_*, определяемый ядром $K^*(t_0,t)$ в (1.5.14), т.е.

$$K_*\mu=(K_*\mu)(t_0)=\int_{\partial G}K^*(t_0,t)\mu(t)dt. \tag{1.5.15}$$

Теорема 1.5.1. *Оператор* K_* (1.5.15), *действующий в пространстве* $C_\nu^0(\partial G)$, *– компактный.*

Доказательство. Все рассматриваемые в работе функции относительно введенных в §1.1 норм образуют банаховы пространства. В силу принятых предположений о гладкости данных задачи и контура ∂G из формул (1.5.3), (1.5.6), (1.5.7) и (1.5.9)–(1.5.13) следует, что при $t\neq t_0$ $K^*(t_0,t)\in C_\nu^0(\partial G)$. Если будет установлено, что множество функций $(K_*\mu)(t)\in C_\nu^0$ равномерно ограничено и равностепенно непрерывно, то из критерия компактности Арцела [24, с. 71] будет следовать компактность оператора K_* (1.5.15). Подробное доказательство этого имеется в [27 , с. 173] и [26 , с. 19 - 20].

Сингулярно интегральное уравнение (1.5.14) полностью изучено Н. П. Векуа [8 , с.189].

Пусть комплексные матрицы p^1 и p^2 из (1.5.1) имеют вид:

$$p^1(t)=\begin{pmatrix} \overset{1}{p}_{11} & \overset{1}{p}_{12} \\ \overset{1}{p}_{21} & \overset{1}{p}_{22} \end{pmatrix},\quad p^2(t)=\begin{pmatrix} \overset{2}{p}_{11} & \overset{2}{p}_{12} \\ \overset{2}{p}_{21} & \overset{2}{p}_{22} \end{pmatrix}.$$

Теорема 1.5. 2. *Если*

$$\det p^1+\det p^2+i\left[\left(\overset{2}{p}_{11}\overset{1}{p}_{21}-\overset{1}{p}_{11}\overset{2}{p}_{21}\right)+\left(\overset{1}{p}_{12}\overset{2}{p}_{22}-\overset{2}{p}_{12}\overset{1}{p}_{22}\right)\right]\neq 0,\ \forall t\in\partial G, \tag{1.5.16}$$

то задача (1.2.1), (1.5.1) нётерова и её индекс

$$\varkappa = 2n, \tag{1.5.17}$$

где $n=(1/2\pi)\Delta|_{\partial G}\arg\det\overline{H(t)}$ ($H(t)$ определяется по (1.5.9)).

Доказательство. Согласно (1.5.11) имеем

$$\alpha^*(t)+i\pi\beta^*(t)=\pi i H(t). \tag{1.5.18}$$

Отсюда и [8, с. 189]

$$\det H(t)\neq 0,\quad \forall t\in\partial G \tag{1.5.19}$$

является необходимым и достаточным условием для нётеровости оператора T (1.5.14). В силу (1.5.9), (1.5.6) и (1.5.3) условие (1.5.19) равносильно условию (1.5.16).

Далее, имея [8 , с. 189] для индекса χ оператора T формулу

$$\chi=\frac{1}{2\pi}\Delta|_{\partial G}\arg\frac{\det\left(\alpha^*(t)-i\pi\beta^*(t)\right)}{\det\left(\alpha^*(t)+i\pi\beta^*(t)\right)}$$

из (1.5.18) и (1.5.19), получаем (1.5.17). Теорема доказана.

§ 1. 6. Об одном методе исследования обобщенной системы Коши—Римана

1.6.1. Введение. Системы дифференциальных уравнений, обобщающие известную систему Коши – Римана, в различных пространствах вещественных функций от двух вещественных переменных изучались многими математиками [13 , с. 455 – 456].

Здесь мы рассмотрим систему

$$\frac{\partial u}{\partial z} - \frac{\partial v}{\partial z_1} = a(z, z_1)u - b(z, z_1)v + \varphi,$$

$$\frac{\partial u}{\partial z_1} + \frac{\partial v}{\partial z} = b(z, z_1)u + a(z, z_1)v + \psi, \qquad (1.6.1)$$

где $z = x + iy$, $z_1 = x_1 + iy_1$, $u, v, a, b, \varphi, \psi$ – комплексные функции, определённые в *выпуклой области* D вещественного евклидова пространства E^4 переменных x, y, x_1, y_1, $\partial/\partial z$ и $\partial/\partial z_1$ – известные дифференциальные операторы:

$$\partial/\partial z \equiv \partial_z = (1/2)(\partial/\partial x - i\partial/\partial y), \ \partial/\partial z_1 \equiv \partial z_1 = (1/2)(\partial/\partial x_1 - i\partial/\partial y_1). \quad (1.6.2)$$

Если $z = x$, $z_1 = y$ и искомые $u(x, y)$, $v(x, y)$ и заданные функции $a(x, y)$, $b(x, y)$, $\varphi(x, y)$, $\psi(x, y)$ вещественные, система (1.6.1) полностью изучена И. Н. Векуа [6]. Комплексные решения $w(z) = u(x, y) + iv(x, y)$ такой системы названы им *обобщёнными аналитическими функциями.* Ф. Д. Гаховым [13, с. 434] такая система названа *нормальной.*

Аналогичная система с комплекснозначными искомыми и заданными функциями исследована нами в § 1.2 и § 1.3. Следуя Ф. Д. Гахову мы систему (1.6.1) будем также называть *нормальной.*

Л. Г. Михайловым [25] указан способ исследования обобщённой системы Коши – Римана $\partial_{\bar z} w = aw + b\bar w + f$, $\partial_{\bar z_1} w = cw + d\bar w + g$

с двумя независимыми z и z_1 комплексными переменными.

Здесь мы укажем простой метод исследования системы (1.6.1). Именно, считая функции $a, b, \varphi, \psi, u, v \in C^1(D)$ ($C^1(D)$ −класс комплексных непрерывно дифференцируемых в D функций) рассмотрим [17] линейное преобразование

$$\Lambda X = Q, \qquad (1.6.3)$$

где

$$\Lambda = \begin{pmatrix} 1 & 0 & 0 & -1 \\ 0 & 1 & 1 & 0 \\ 1 & 0 & 0 & 1 \\ 0 & 1 & -1 & 0 \end{pmatrix} \qquad X = \begin{pmatrix} x \\ y \\ x_1 \\ y_1 \end{pmatrix}, \qquad Q = \begin{pmatrix} p \\ q \\ \lambda \\ \mu \end{pmatrix} \qquad (1.6.4)$$

области D в область G переменных $p, q, \lambda, \mu,$ сводящее систему (1.6.1) *к двум комплексным дифференциальным уравнениям.*

Так как $\det \Lambda = 4$, то (1.6.3) – невырожденное преобразование $D \to G$, и, следовательно, существует единственное обратное преобразование $G \to D$: $\quad X = \Lambda^{-1} Q$.

Далее, имея (в силу (1.6.3), (1.6. 4))

$$z - iz_1 = (x + y_1) + i(y - x_1) = \lambda + i\mu = \eta,$$

согласно (1.6.2), получим

$$\frac{\partial}{\partial z} = \frac{\partial}{\partial \zeta} + \frac{\partial}{\partial \eta}, \qquad \frac{\partial}{\partial z_1} = i\left(\frac{\partial}{\partial \zeta} - \frac{\partial}{\partial \eta}\right).$$

Откуда

$$\frac{\partial}{\partial z} + i\frac{\partial}{\partial z_1} = 2\frac{\partial}{\partial \eta}, \qquad \frac{\partial}{\partial z} - i\frac{\partial}{\partial z_1} = 2\frac{\partial}{\partial \zeta}. \qquad (1.6.5)$$

1.6.2. О решениях системы. Умножив второе уравнение системы (1.6.1) на i и сложив с первым, получим

$$\left(\frac{\partial}{\partial z} + i\,\frac{\partial}{\partial z_1}\right) h(z, z_1) = A\,(z, z_1)\,h\,(z, z_1) + \Psi(z, z_1), \qquad (1.6.6)$$

где $h\,(z, z_1) = u + iv$, $A\,(z, z_1) = a + ib$, $\Psi\,(z, z_1) = \varphi + i\,\psi$.

Рассмотрим уравнение

$$\left(\frac{\partial}{\partial z} + i\,\frac{\partial}{\partial z_1}\right) h(z, z_1) = f(z, z_1)\,. \qquad (1.6.7)$$

В обозначениях

$h(z, z_1) = H(p, q, \lambda, \mu) = H(\zeta, \eta)$, $f(z, z_1) = F(\zeta, \eta)$, уравнение (1.6.7)

(в силу (1.6.5)) в области G примет вид

$$\partial H(\zeta, \eta)/\partial\eta = (1/2)\,F(\zeta, \eta). \qquad (1.6.8)$$

е, умножив первое уравнение системы (1.6. 1) на i и сложив со вторым уравнением, получим

$$\left(\frac{\partial}{\partial z} - i\,\frac{\partial}{\partial z_1}\right) h_1(z, z_1) = A_1\,(z, z_1) h_1\,(z, z_1) + \Psi_1(z, z_1), \qquad (1.6.9)$$

где $h_1\,(z, z_1) = u - iv$, $A_1\,(z, z_1) = a - ib$, $\Psi_1\,(z, z_1) = \varphi - i\psi$.

Поскольку все рассматриваемые функции комплекснозначные, то функции h и h_1, A и A_1, Ψ и Ψ_1 не являются комплексно *сопряжёнными.*

Теперь, рассмотрев уравнение

$$\left(\frac{\partial}{\partial z} - i\,\frac{\partial}{\partial z_1}\right) h_1\,(z, z_1) = f_1\,(z, z_1) \qquad (1.6.10)$$

и полагая $h_1\,(z, z_1) = H_1\,(p, q, \lambda, \mu) = H_1\,(\zeta, \eta)$, $f_1\,(z, z_1) = F_1\,(\zeta, \eta)$, уравнение (1.6.10) в области G (согласно (1.6.5)) запишется в виде

$$\partial H_1\,(\zeta, \eta)/\partial\zeta = (1/2)\,F_1\,(\zeta, \eta). \qquad (1.6.11)$$

В уравнении (1.6.8) ((1.6.11)) переменная ζ (η) играет роль параметра. Будем называть эти уравнения *основными.* Они подробно изучены И. Н. Векуа [7]. Откуда сразу следуют [7 , с. 41- 42], [13 , с. 432 - 435]:

Теорема 1.6.1. *Функция*

$$H(\zeta,\bar{\eta}) = -\frac{1}{2\pi}\iint\limits_{G(\zeta)} \frac{F(p,q,\lambda^0\mu^0)}{\bar{\eta}^0-\bar{\eta}} d\lambda^0 \wedge d\mu^0 + \widetilde{H}(p,q,\lambda - i\mu),$$

где $\widetilde{H}(p,q,\lambda - i\mu)$ — любая функция, голоморфная от $\lambda - i\mu = \bar{\eta}$, является общим решением уравнения (1.6.8).

Теорема 1.6.2. *Общее решение уравнения (1.6.6) в G имеет вид*

$$\widehat{H}(\zeta,\eta) = exp\langle\omega(\zeta,\bar{\eta}\,)\rangle\,[\Phi(\zeta,\bar{\eta}) + \omega^0(\zeta,\eta)],$$

где
$$\omega(\zeta,\bar{\eta}\,) = -\frac{1}{2\pi}\iint_{G(\zeta)} \frac{A(\zeta,\eta^0)}{\bar{\eta}^0-\bar{\eta}} d\lambda^0 \wedge d\mu^0,$$

$\Phi(\zeta,\bar{\eta})$ — любая функция, голоморфная от $\bar{\eta}$, $\omega^0(\zeta,\eta)$ — частное решение уравнения $\frac{\partial\omega^0}{\partial\eta} = exp\langle-\omega(\zeta,\bar{\eta})\rangle\,\Psi(\zeta,\eta)$.

Теорема 1.6.3. *Функция*

$$H_1(\bar{\zeta},\eta) = -\frac{1}{2\pi}\iint\limits_{G(\eta)} \frac{F_1(p^0,q^0,\lambda,\ \mu)}{\bar{\zeta}^0-\bar{\zeta}} d\,p^0 \wedge dq^0 + \widetilde{H_1}(p - iq,\lambda,\mu),$$

где $\widetilde{H}_1(p - iq,\lambda,\mu)$ — любая функция, голоморфная от $p - iq = \bar{\zeta}$, является общим решением уравнения (1.6.11).

Теорема 1.6.4. *Общее решение уравнения (1.6.9) в G имеет вид*

$$\widehat{H}_1(\zeta,\eta) = exp\langle\omega_1(\bar{\zeta},\ \eta)\rangle[\Phi_1(\bar{\zeta},\eta) + \ \omega_1^0(\zeta,\eta)],$$

где $\Phi_1(\bar{\zeta},\eta)$ —любая функция, голоморфная от $\bar{\zeta} = p - iq$,

$$\omega_1(\bar{\zeta},\eta) = -\frac{1}{2\pi}\iint\limits_{G(\eta)} \frac{A_1(\zeta^0,\eta)}{\bar{\zeta}^0-\bar{\zeta}}\, dp^0 \wedge dq^0,$$

$\omega_1^0(\zeta,\eta)$ – *частное решение уравнения* $\frac{\partial\omega_1^0}{\partial\zeta} = exp\langle -\omega_1(\overline{\zeta},\eta)\rangle \Psi_1(\zeta,\eta)$.

Замечания: 1.6.1. Теперь, зная в области D функции $h(z, z_1)$ и $h_1(z,z_1)$, получим необходимый вид всех решений $(u(z, z_1), v(z,z_1))$ системы (1.6.1), именно

$$\begin{pmatrix} u(z,z_1) \\ v(z,z_1) \end{pmatrix} = \frac{1}{2}\begin{pmatrix} 1 & 1 \\ -i & i \end{pmatrix}\begin{pmatrix} h(z,z_1) \\ h_1(z,z_1) \end{pmatrix}.$$

1.6.2. Имея для каждого уравнения (1.6.8) и (1.6.11) эквивалентные интегральные уравнения, нетрудно получить интегральные представления всех решений $(u(z, z_1), v(z,z_1))$ системы (1.6.1) и по известной методике ставить и исследовать различные краевые задачи.

Глава II

ОБОБЩЕННЫЕ АРЕОЛЯРНЫЕ ПРОИЗВОДНЫЕ И ИХ ПРИЛОЖЕНИЯ К ДИФФЕРЕНЦИАЛЬНЫМ УРАВНЕНИЯМ

§ 2.1. Ведение

Операция

$$\frac{\partial f}{\partial \bar{z}} = \mathbf{lim}_{\partial G \to z} \frac{1}{2i\, mesG} \int_{\partial G} \boldsymbol{f}(\zeta)\, d\zeta, \qquad (2.1.1)$$

где $f(z) \in C(G)$, введённая впервые румынским математиком Помпею [34] в 1912 г., была объектом исследований многих математиков, см., например, [35] и [7]. Если правая часть этого равенства существует и не зависит от способа стягивания замкнутой кривой ∂G в точку z , то она называется ареолярной производной функции f.

И. Н. Векуа [6] применил операцию (2.2.1) при исследовании решений эллиптической системы (0.1) и краевых задач вида

$$\alpha u + \beta v = \gamma,$$

где α, β, γ − функции, заданные на границе ∂G области G.

В данной главе мы, отправляясь от понятий дифференциальных операторов $\frac{\partial}{\partial p}, \frac{\partial}{\partial q}$ (1.2.2), введённых В. С. Федоровым, как естественное обобщение операторов дифференцирования («формальных» производных) из комплексного анализа $\frac{\partial}{\partial z}, \frac{\partial}{\overline{z}}$, вводим операторы $\frac{\partial}{\partial p}, \frac{\partial}{\partial q}$ аналогично ареолярным производным и изучим некоторые основные свойства класса функций, для которых операторы $\frac{\partial f}{\partial q}, \frac{\partial f}{\partial p}$ приводят к непрерывным функциям со значениями в некоторой коммутативной и ассоциативной алгебре. Для дифференциального уравнения, представляющего существенное обобщение системы (0.1), получено в явном виде общее решение, доказывается разрешимость эквивалентного ему интегрального уравнения.

Результаты этой главы изложены в статьях [18, 21].

ОБОЗНАЧЕНИЯ

$A-$ ассоциативная и коммутативная алгебра конечного ранга над полем комплексных чисел C с единицей;

$C^k(G, A)$ – множество всех отображений $f: G \to A$ таких, что для любого непрерывного линейного функционала L на A мы имеем $L\circ f \in C^k(G)$.

Пусть $p(x, y), q(x, y) \in C^2(\overline{G}, A)$. Полагаем

$$\delta = p_x\, q_y - p_y\, q_x \tag{2.1.2}$$

и предположим, что элемент δ^{-1}, обратный к элементу δ, существует в каждой точке $z \in G$. В дальнейшем, если нет оговорок, считаем, что p и q обладают указанными свойствами.

Для дальнейшего удобнее комплексная форма записи элемента δ и оператора $\frac{\partial}{\partial q}$. Именно, полагая

$$\frac{\partial}{\partial x} = \frac{\partial}{\partial z} + \frac{\partial}{\partial \overline{z}}, \qquad \frac{\partial}{\partial y} = i\left(\frac{\partial}{\partial z} - \frac{\partial}{\overline{z}}\right),$$

Элемент δ из (2.1.2) и оператор $\frac{\partial}{\partial q}$ из (1.2.2) примут вид:

$$\delta(x, y) = -2i\left(\frac{\partial p}{\partial z}\frac{\partial q}{\partial \overline{z}} - \frac{\partial p}{\partial \bar{z}}\frac{\partial q}{\partial z}\right), \tag{2.1.2'}$$

$$\delta\frac{\partial}{\partial q} = -2i\left(\frac{\partial p}{\partial z}\frac{\partial}{\partial \bar{z}} - \frac{\partial p}{\partial \bar{z}}\frac{\partial}{\partial z}\right). \tag{2.1.3}$$

§ 2. 2. Новое определение операции $\frac{\partial f}{\partial q}$ $\left(\frac{\partial f}{\partial p}\right)$

Пусть $f \in C^1(\overline{G}, A)$. По теореме Стокса имеем

$$\int_{\partial G} f(\xi, \eta)dp = \iint_G \left(\frac{\partial f}{\partial \xi} p_\eta - \frac{\partial f}{\partial \eta} p_\xi\right) d\xi \Lambda\, d\eta.$$

Отсюда и из (1.2.2) имеем

$$\int_{\partial G} f(\xi, \eta)dp = -\iint_G \delta\, \frac{\partial f}{\partial q}\, d\xi \Lambda\, d\eta. \tag{2.2.1}$$

Пусть теперь область $\gamma \subset G$ с кусочно гладкой границей $\partial\gamma$, неограниченно уменьшаясь по длине, произвольным образом стягивается в точку $z = x + iy$. Из (2.2.1) по теореме о среднем, имеем

$$\frac{\partial f}{\partial q} = -\lim_{\partial\gamma \to z} \frac{1}{\delta}\frac{1}{mes\,\gamma}\int_{\partial\gamma} f(\xi, \eta)\, dp. \tag{2.2.2}$$

Аналогично

$$\frac{\partial f}{\partial p} = \lim_{\partial\gamma \to z} \frac{1}{\delta} \frac{1}{mes\gamma} \int_{\partial\gamma} f\ (\xi,\ \eta\ )\, dq. \qquad (2.2.3)$$

Отбрасывая теперь исходное предположение о существовании непрерывных частных производных $\frac{\partial f}{\partial x}, \frac{\partial f}{\partial y}$ для функции f , введём следующее

Определение 2.2.1. *Назовем* ***производной*** $\frac{\partial f}{\partial q}\left(\frac{\partial f}{\partial p}\right)$ *функции f (x, y) в точке* $z \in G$ *правую часть равенства* (2.2.2) ((2.2.3)), *если она существует и не зависит от способа стягивания замкнутой кривой* $\partial\gamma$ *в точку* z, *причем функция* $f(x, y)$ *предполагается только непрерывной в* $\overline{G}$.

Во всем дальнейшем понимаем формальные производные в указанном сейчас смысле.

Если $f \in C(\overline{G}, A)$ и $\frac{\partial f}{\partial q}\left(\frac{\partial f}{\partial p}\right)$, определяемая равенством (2.2.2) ((2.2.3)), существует в каждой точке области G и непрерывна в G , то будем говорить, что f является функцией класса $C_q(G, A)$ ($C_p\ (G, A\ )$).

В дальнейшем будем изучать функции класса $C_q(\ G, A\ )$.

Определение 2.2.2. *Функция* $f(x, y\ ) = \sum_m \psi_m\ (x, y\ ) e_m$, где $\{\ e_m\ \}$ – *база алгебры* A, $\psi_m\ (x, y\ )$ – *комплексные функции, определенные в G, называется* ***голоморфной (гармонической)*** *относительно* z *в области* G *, если все функции* $\psi_m(x, y\ )$ *голоморфны (гармонические) от* z *в области* G .

§ 2. 3. О дифференциальных свойствах функций класса $C_q(G, A)$

Из рассуждений § 2. 2 следует, что если $f \in C^1(\overline{G}, A)$ F – моногенна по p в области G, то она принадлежит классу $C_q(G, A)$ и

$$\frac{\partial f}{\partial q} = 0. \qquad (2.3.1)$$

Пусть функции $p(x, y)$ и $f(x, y) \in C(\overline{G}, A)$ связаны условием (для любой точки $z \in G$) :

$$\lim_{\partial G \to z} \frac{1}{mes\, G} \int_{\partial G} f\, \frac{\partial p}{\partial \zeta}\, d\zeta = 0, \quad \lim_{\partial G \to z} \frac{1}{mes\, G} \int_{\partial G} f\, \frac{\partial p}{\partial \bar{\zeta}}\, d\bar{\zeta} = 0, \qquad (I)$$

тогда справедливо обратное утверждение

Теорема 2 .3. 1. *Если* $f \in C_q(G, A)$ *и имеем* (I), то 1) $f \in C^1(G, A)$; 2) *функция* f *F- моногенна по* p *в* G.

Доказательство. 1) В силу условия (I) из работы [30] следует, что функция $f(x, y)\frac{\partial p}{\partial z} = h_1(z)$ голоморфна, а функция $f(x\, y)\frac{\partial p}{\partial \bar{z}} = h_2(\bar{z})$ антигломорфна от z в области G. Из (2.1.2′) имеем

$$h_1(z)\frac{\partial q}{\partial \bar{z}} - h_2(\overline{z})\frac{\partial q}{\partial z} = \frac{i}{2}(\delta f)(x, y).$$

Отсюда и из существования δ^{-1} следует, что $f \in C^1(G, A)$.

2) Если $f \in C^1(G, A)$, то из (I) следует (2.3.1) в смысле (1.2.2), то есть f – *функция, F –моногенная* по p в G. Теорема доказана.

Замечание 2.3.1. Из того, что

$$\frac{\partial}{\partial \overline{z}}\left(f(x,\ y)\ \frac{\partial p}{\partial z}\right) = 0 \qquad (2.3.2)$$

даже в случае голоморфности от z функции $\frac{\partial p}{\partial z}$ вовсе не вытекает, что и функция $f(x, y)$ голоморфна от z.

Пример 2.3.1. Возьмем алгебру A комплексных двойных чисел $\alpha = \alpha_1 + \alpha_2 e,\quad \alpha_1,\ \alpha_2$ – комплексные, $e^2 = +1$. Пусть

$$p(x, y) = (1 + ie)x + (1 - ie)y = (1 + i)\overline{z}\, e_1 + (1 - i)z e_2,$$

$$e_1 = \frac{1+e}{2}, \qquad e_2 = \frac{1-e}{2},$$

$$f(x, y) = u(x, y) + v(x, y)e = (u + v)e_1 + (u - v)e_2; \quad u,\ v \in C^1(G).$$

Тогда

$$f\,\frac{\partial p}{\partial z} = (1-i)(u-v)e_2, \qquad f\,\frac{\partial p}{\partial \bar z} = (1+i)(u+v)e_1.$$

Равенство (2.3.2) равносильно голоморфности $u-v$ относительно z в области G и, следовательно, функция f может не быть голоморфной от z.

Замечание 2.3.2. Если $p(x, y)$ голоморфна от z в G, то из F-моногенности $f(x, y)$ по $p(x, y)$ следует её голоморфность от z, и наоборот.

Пусть $p(x, y)$ удовлетворяет условиям:

$$p(x, y) \in C^1(\bar G, A), \quad (p_x)^2 + (p_y)^2 = 0; \tag{II}$$

$$\left(\frac{\partial p}{\partial x}\right)^{-1} \text{ существует.} \tag{III}$$

Лемма 2.3.1. *Если в области G $p(x, y)$ удовлетворяет условиям* (II), (III), то $p \in C^\infty(G, A)$ и *$p(x, y)$ – гармоническая в области G.*

Доказательство. Обозначим

$$\frac{\partial p}{\partial y} \Big/ \frac{\partial p}{\partial x} = \lambda, \qquad x + \lambda y = \gamma(x, y) \equiv \gamma(z); \quad z \in G.$$

Тогда имеем $p_y = \lambda p_x$, $\lambda^2 = -1$, $\lambda = const \in A$, $dp = p_x\, d\gamma$. Поскольку

$$df = \frac{\partial f}{\partial p} dp + \frac{\partial f}{\partial q} dq, \tag{2.3.3}$$

отсюда следует, что $p(x, y)$ *F-моногенна* по $\gamma(z)$ в G, а так как $(\gamma_x)^2 +$ $+ (\gamma_y)^2 = 0$, то из [31] имеем

$$p(z) = \frac{1}{2\pi\lambda} \int_{\partial G} \frac{(\xi - x) - \lambda(\eta - y)}{|\zeta - z|^2} p(\zeta)\, d\gamma(\zeta), \tag{2.3.4}$$

Следствие 2.3.1. *Из* (2.3.4) *имеем*

$$p(z) = \frac{1}{2\pi\lambda} \int_{\partial G} \frac{p(\zeta)\, d\gamma(\zeta)}{\gamma(\zeta) - \gamma(z)}$$

и потому $p(z)$ – аналитическая функция от $\gamma(z)$ в G.

Лемма 2.3.2. *Пусть* $f \in C_q(G, A)$ *и имеет место* (2.3.1) . *Тогда* fF - *моногенна по* p *в* G , *если* $p(x, y)$ *удовлетворяет в области* G *условиям* (II), (III).

Доказательство. Фиксируем в области G точку А и положим для любой другой точки В = В(x, y)

$$F(\mathrm{B}) = F(x, y) = \int_A^B f\, dp = \int_A^B f\, p_\xi\, d\xi + f\, p_\eta\, d\eta$$

с интегрированием по любому пути , ведущему в области G из А в В, так как легко доказать [30], что в случае (2.3.1) интеграл в формуле (2.2.2) для любого замкнутого контура ∂G равен нулю. Отсюда $dF = f\,dp$ и в силу (2.3.4) F (x, y) моногенна по p в G , причём $\frac{\partial F}{\partial p} = f$.

В силу следствия 2.3.1 для $F(x, y)$ имеет место аналог формулы Коши. Поэтому $F \in C^\infty(G, A)$ и, согласно [29], $\dfrac{\partial F}{\partial p}$ также моногенна по p в G.

Лемма доказана.

Лемма 2.3.3. *Если* $p(z)$ *в области* G *удовлетворяет условиям* (II), (III), *то для любых двух точек* $a,\ b \in G$

$$\left(\frac{\partial p}{\partial \bar z}(z = a)\right) * \left(\frac{\partial p}{\partial z}(z = b)\right) = 0.$$

Доказательство. Введем обозначение

$$\frac{\partial^{m+1}}{\partial z^{m+1}}\, p(z) = H_m(z), \qquad \mathrm{m} = 0, 1, \ldots .$$

Так как $p(z)$ – функция гармоническая в G, то $H_m(z)$ $(m = 0, 1, \ldots)$ голоморфна от z в области G .

Теперь для любых заданных точек a и $b \in G$ построим последовательность точек $z_1, z_2, \ldots z_\nu \in G$ такую, что

$$H_m(z_{k+1}) = \sum_{n=0}^{\infty} H_{m+n}(z_k)\, \frac{(z_{k+1} - z_k)^n}{n!} \quad (\mathrm{m} = 0, 1, \ldots;\ \mathrm{k} = 0, 1, \ldots\ \nu), \quad (2.3.5)$$

где $z_0 = a$, $z_{\nu+1} = b$; точка z_{k+1} внутри круга сходимости (с центром z_k) ряда Тейлора (2.3.5).

Далее полагаем

$$\frac{\partial p}{\partial \bar{z}}(z = a) = S.$$

Из гармоничности $p(z)$ в G и (II) нетрудно получить, что

$S\ H_m(z_0) = 0$ для всех m = 0, 1, 2, … . Откуда из (2.3.5) $S\,H_m(z_1) = 0$. Аналогично $S\,H_m(z_2) = 0$, и т. д. Наконец, $S\,H_m(z_{\nu+1}) = 0$. Лемма доказана.

Теорема 2.3.2. *Пусть: 1) $p(x, y)$ в области G удовлетворяет условиям* (II), (III); 2) $f \in C_q(G, A)$ *и имеет место* (2.3.1). *Тогда в каждой точке* $(x, y) \in G$

$$f(x, y) = \left(\frac{\partial p}{\partial x}\right)^{-1} (F_1(z) + F_2(\bar{z})), \qquad (2.3.6)$$

где F_1 (F_2) – функция, голоморфная (антиголоморфная) от z в G.

Доказательство. В силу леммы (2.3.2) и условий теоремы следует, что функция $f\ F$ - моногенна по p в G. Отсюда и леммы (2.3.3) нетрудно установить, что функция $f\frac{\partial p}{\partial z} = F_1(z)$ голоморфна, а функция $f\frac{\partial p}{\partial \bar{z}} = F_2(\bar{z})$ антиголоморфна от z в G. Поскольку

$$f\left(\frac{\partial}{\partial z} + \frac{\partial}{\partial \bar{z}}\right)p = f\frac{\partial p}{\partial x} = F_1(z) + F_2(\bar{z}),$$

это и доказывает теорему.

В дальнейшем, если нет оговорок, считаем, что $p(x, y)$ удовлетворяет в области G условиям (*II*), (*III*).

§ 2. 4. Общее интегральное представление функций класса $C_q(G, A)$

Рассмотрим операцию $\frac{\partial f}{\partial q}$ (2.2.2) и операцию вида

$$\left(\frac{\partial f}{\partial q}\right)^{*} = -\lim_{\partial G \to z} \frac{1}{\delta^{*} mesG} \int_{\partial G} f(\zeta)\, dp^{*}(\zeta), \qquad (2.4.1)$$

где $f \in C(\overline{G}, A)$, $p^{*}(\zeta) = \xi + \lambda\eta$, $\delta^{*} = \delta(z)(p_x(z))^{-1}$, $\lambda = const \in A$, $\lambda^2 = -1$ (см. лемму 2.3.1).

Имеет место

Лемма 2.4.1. *Если существует один из пределов (2.2.2), (2.4.1), то существует и второй и имеет место*

$$\frac{\partial f}{\partial q} = \left(\frac{\partial f}{\partial q}\right)^{*}.$$

Доказательство. Имеем

$$\int_{\partial G} f(\zeta)[\, dp(\zeta) - p_x(z) dp^{*}(\zeta)\,] = \int_{\partial G}[\, f(\zeta) - f(z)\,][\, p_{\xi}(\zeta) -$$
$$-p_x(z)] dp^{*}(\zeta) + f(z)\int_{\partial G}[\, p_{\xi}(\zeta) - p_x(z)] dp^{*}(\zeta).$$

Отсюда в силу непрерывности функций f, p_x, оценки $|dp^{*}(\zeta)| <$const $|d\zeta|$ следует утверждение.

Введем новые единицы

$$e = \frac{1}{2}(1 - i\lambda), \qquad \overline{e} = \frac{1}{2}(1 + i\lambda), \qquad i^2 = -1.$$

Очевидно $e^2 = e$, $\bar{e}^2 = \overline{e}$, $e\overline{e} = 0$, $e - \bar{e} = -i\lambda$, $e + \bar{e} = 1$.

Рассмотрим функцию

$$w(x, y) = \frac{1}{2\pi\lambda} \iint_G g(\xi, \eta) \frac{\Omega(\zeta, \overline{\zeta}; z, \bar{z})}{p_{\xi}(\zeta)}\, dp \wedge dq, \qquad (2.4.2)$$

где $g \in C(\overline{G}, A)$, $dp \wedge dq \equiv \delta(\xi, \eta)\, d\xi \wedge d\eta$,

$$\Omega(\zeta, \overline{\zeta}, z, \bar{z}) = \frac{1}{\zeta - z}\, e + \frac{1}{\overline{\zeta} - \bar{z}}\, \overline{e}. \qquad (2.4.3)$$

Мы не будем приводить доказательства следующих двух теорем, так как для $p(x, y) = x + \lambda y$ они проводятся по схеме И. Н. Векуа [6] с использованием соответственных результатов § 2.3 , а в силу леммы 2.4.1 доказательства следуют и для любого *p(x, y).*

Теорема 2.4.1. *Функция w(x,y)* (2.4.2) *принадлежит классу* $C_q(G,\ A)$ *и удовлетворяет в G уравнению*

$$\frac{\partial w}{\partial q} = g\ (x, y). \tag{2.4.4}$$

Теорема 2.4.2. *Пусть :*

1) p(x, y) удовлетворяет в области G условиям (II), (III);

2) f(x, y) принадлежит классу $C_q(G,\ A)$ *и непрерывна в* $\bar{G}$*;*

3) $\frac{\partial f}{\partial q}$, $(\frac{\partial p}{\partial x})^{-1}$ *интегрируемы в G. Тогда в каждой точке* $(x, y)\in G$

$$f\,(x,\ y) = \frac{1}{2\pi\lambda}\left[\int_{\partial G} f(\zeta)\ \frac{\Omega(\zeta,\bar{\zeta};z,\overline{z})}{p_{\xi}\,(\zeta)} dp\ +\ \iint_G \frac{\partial f}{\partial q}\ \frac{\Omega(\zeta,\bar{\zeta};\ z\ ,\ \overline{z})}{p_{\xi}(\zeta)} dp \wedge dq\right], \tag{2.4.5}$$

где $\Omega(\zeta, \bar{\zeta}; z,\ \overline{z})$ *имеет вид* (2.4.3).

Двойной интеграл в правой части (2.4.5) надо понимать, вообще говоря, как несобственный.

Таким образом, общим решением уравнения (2.4.4) в силу леммы (2.3.2) будет функция

$$W(x, y) = w(x, y) +\ h(x, y),$$

где *h(x, y)* – любая функция, F-моногенная по *p* в *G.*

В силу (2.4.5) и (2.4.4) *h(x, y)* однозначно выражается через функцию *W (x, y)* по формуле

$$h(x, y) = \frac{1}{2\pi\lambda}\ \int_{\partial G} W\ (\xi,\ \ \eta)\ \Omega(\zeta,\ \ \bar{\zeta}; z,\ \ \bar{z})\ (p_{\xi}\,(\zeta\,))^{-1}\, dp.$$

Замечание 2.4.1. Для любого $z\notin\overline{G}$ имеем

$$\delta^* \frac{\partial\Omega}{\partial q} = -\,2i\left(\frac{\partial}{\partial\bar{z}}\ e - \frac{\partial}{\partial z}\bar{e}\right)\left(\frac{1}{\zeta-z}\ e\ +\ \frac{1}{\bar{\zeta}-\ \bar{z}}\ \bar{e}\right) = 0.$$

Откуда, считая (в дальнейшем всегда, говоря о моногенности w по p вне $\bar{G}$) функции p и q продолженными вне $\bar{G}$ дифференцируемым образом, следует, что w (2.4.2) F-моногенна по p вне $\bar{G}$ и обращается в нуль на бесконечности.

§ 2. 5. Пространство C_q $(G,\ A)$. Действия над функциями из C_q $(G,\ A)$

Для произвольной функции

$f(x, y) \in C(\bar{G}, A)$ $\qquad$ $(f(x, y) = \sum_m \psi_m(x,y)e_m)$,

где $\{e_m\}$ – база алгебры A, обозначив

$$||f||_A = \sum_m \sup_{(x,y)\in\bar{G}} |\psi_m(x,y)|, \tag{2.5.1}$$

превратим алгебру A в банахову алгебру. Теперь для любого элемента $f(x, y) \in C_q(\bar{G}, A)$ введем норму

$$||f||_{C_q} = ||f||_A + \left\|\frac{\partial f}{\partial q}\right\|_A. \tag{2.5.2}$$

Топология в пространстве C_q $(\bar{G}, A) = C_q$ задаётся нормой (2.5.2).

Из интегрального представления (2.4.5) и теоремы 2.4.1 в силу банаховости алгебры A следует

Теорема 2.5.1. *Пространство* C_q $(\bar{G}, A)$ *является полным пространством относительно нормы* (2.5.2).

Лемма 2.5.1. *Пространство* $C^1(\bar{G},\ A)$ *плотно в пространстве* C_q $(\bar{G}, A)$ *в топологии* C_q.

Доказательство. Так как по предположению $\frac{\partial f}{\partial q}$ непрерывна в $\bar{G}$, то последовательность функций

$$Q_n(x,y) = \sum_k P_k^n(x,y)e_k,$$

где $P_k^n(x,y)$ – последовательность многочленов, равномерно сходящаяся к катой компоненте функции $\frac{\partial f}{\partial q}$, сходится по норме A (2.5.1) к $\frac{\partial f}{\partial q}$.

Теперь для любой функции $f \in C_q(\overline{G}, A)$ рассмотрим последовательность функций

$$f_n(x,y) = \frac{1}{2\pi\lambda} * \left[\int_{\partial G} f(\zeta) \frac{\Omega(\zeta,\overline{\zeta};z,\overline{z})}{p_\xi(\zeta)} dp + \right.$$

$$\left. + \iint_G Q_n(\zeta, \eta) \frac{\Omega(\zeta, \overline{\zeta}; z, \overline{z})}{p_\xi(\zeta)} dp \wedge dq \right],$$

где $\Omega(\zeta, \overline{\zeta}; z, \overline{z})$ имеет вид (2.4.3).

Функции $f_n(x,y) \in C^1(\overline{G}, A)$ и, очевидно, $\|f - f_n\| C_q \xrightarrow[n\to\infty]{} 0$. Лемма доказана.

Из леммы 2.5.1 теоремы 2.5.1 и (2.5.2) следует

Теорема 2.5.2. *Пространство* $C_q(\overline{G}, A)$ *является банаховой алгеброй.*

Следствие 2.5.1. *Для функций из* $C_q(\overline{G}, A)$ *имеют место обычные формулы дифференцирования (очевидные для функций класса* $C^1(G, A)$*):*

1) $\dfrac{\partial(uv)}{\partial q} = v\dfrac{\partial u}{\partial q} + u\dfrac{\partial v}{\partial q};$

2) $v^2 \dfrac{\partial}{\partial q}\left(\dfrac{u}{v}\right) = v\dfrac{\partial u}{\partial q} - u\dfrac{\partial v}{\partial q};$

3) *если* $f(t)$ *функция, голоморфная от* $t \in D$, *а* $U(x, y) \in C_q(\overline{G}, A)$, *причем точка* $t = U(x, y) \in D$, *при* $(x, y) \in G$, *то*

$$f(U(x, y)) \in C_q(G, A) \text{ и } \frac{\partial f(U)}{\partial q} = f'(U)\frac{\partial U}{\partial q}.$$

§ 2. 6. Регулярные решения

Рассмотрим уравнение

$$\delta \frac{\partial w}{\partial q} = Aw + f, \tag{2.6.1}$$

где δ, A, $f \in C(\overline{G}, A)$.

Уравнение (2.6.1) является одним из возможных обобщений системы уравнений (0.1), определяющей обобщённые аналитические функции в смысле И. Н. Векуа [6]. (По этому поводу см. главу I).

Решение w уравнения (2.6.1) будем искать в классе $C_q(\overline{G}, A)$.

Определение 2.6.1. *Решение* $w \in C_q(G, A)$ *уравнения (2.6.1) будем называть* ***регулярным.***

Имеем

$$\frac{\partial w}{\partial q} = B\, w + g, \tag{2.6.2}$$

где $B = \delta^{-1}A$, $g = \delta^{-1}f$.

Имеет место

Теорема 2.6.1. *Общее регулярное в* G *решение уравнения (2.6.2) имеет вид*

$$w(x, y) = exp\,\langle\omega(x,\ y)\rangle[\, h(x, y) +\ \omega_0(x, y)\,], \tag{2.6.3}$$

где $h(x, y)$ *– любая функция,* F*-моногенная по функции* $p(x, y)$, $\omega_0(x, y)$ *– частное решение уравнения*

$$\frac{\partial \omega_0}{\partial q} = exp\,\langle -\omega(x, y)\rangle\ g, \tag{2.6.4}$$

$$\omega(x, y) = \frac{1}{2\pi\lambda}\iint_G A(\xi,\ \eta)\,\Omega(\zeta,\ \bar{\zeta}; z,\ \bar{z})\ (p_\xi(\zeta))^{-1}\, d\xi \wedge d\eta. \tag{2.6.5}$$

Доказательство. Так как $A(\xi, \eta) \in C(\overline{G}, A)$ согласно теореме 2.4.1 и (2.6.5), имеем $\omega(x, y) \in C_q(G, A)$ и $\frac{\partial \omega}{\partial q} = B(x, y)$. Отсюда в силу следствия 2.5.1 $\omega_0(x, y) = exp\,\langle\omega(x, y)\rangle \in C_q(G, A)$ и

$$\frac{\partial \omega_0}{\partial q} = Bexp\,\langle(\,\omega\,(x, y)\rangle = B\omega_0. \tag{2.6.6}$$

Откуда, из непосредственного дифференцирования (2.6.3) по q, в силу (2.6.4) и следует доказательство.

Замечание 2.6.1. *Согласно теореме 2.4.1, можем взять*

$$\omega_0\,(x, y) = \frac{1}{2\pi\lambda}\iint_G \exp\langle -\,\omega(\xi,\ \eta)\rangle\, g(\xi,\ \eta)\,\Omega(\zeta,\bar{\zeta},z,\bar{z})\,(p_\xi)^{-1}dp \wedge dq.$$

Так же как И. Н. Векуа [6] установим предложение, необходимое в дальнейшем.

Основная лемма. *Если Θ − регулярное в G решение уравнения* (2.6.6) *непрерывное в $\bar{G}$ и принимающее на границе ∂G значения функции, F- моногенной по p вне $\bar{G}$ и обращающейся в нуль на бесконечности, то $\Theta \equiv 0$ в G.*

Доказательство. В силу теоремы 2.6.1, $\Theta(x, y)$ можно представить в G в виде $\Theta(x, y) = exp\,\langle\omega\,(x,\ y)\rangle\, h(x, y)$, где $h(x, y)$ – *функция*, F- моногенная по $p(x, y)$ в G и непрерывная в $\bar{G}$, а $\omega(x, y)$ имеет вид (2.6.5). В силу замечания 2.4.1 и вида $\omega(x, y)$ следует, что она непрерывна на всей плоскости, F-моногенна по p вне $\bar{G}$ и исчезает на бесконечности.
Итак, функция $h(x, y) = exp\langle -\,\omega(x,\ y)\rangle\Theta(x, y)$ будучи моногенной по p в G, принимает на ∂G значения функции, F- моногенной по p вне $\bar{G}$, которую обозначим через $H(x, y)$.

Согласно теореме 2.4.2, для любой точки $(x, y) \in G$, имеем

$$h(x, y) = \frac{1}{2\pi\lambda}\int_{\partial G} h(\zeta)\,\Omega(\zeta,\ \bar{\zeta}; z,\ \bar{z})(p_\xi)^{-1}dp =$$

$$\frac{1}{2\pi\lambda}\int_{\partial G} H(\zeta)\,\Omega(\zeta,\ \bar{\zeta}; z,\ \bar{z})(p_\xi)^{-1}dp.$$

С помощью формулы Грина и условий моногенности $H(x, y)$ по $p(x, y)$ вне G нетрудно показать, что последний интеграл справа можно заменить интегралом, взятым по окружности ∂G_R, достаточно большого радиуса R, внутри которой содержится область $\bar{G}$. При $R \to \infty$ последний интеграл стремится к нулю, так как по условию $H(\zeta) \to 0$ равномерно, если $\zeta \in \partial G_R$.

Отсюда следует, что в области G $h(x, y) \equiv 0$, а, следовательно, и $\Theta(x, y) \equiv 0$ в G. Лемма доказана.

§ 2. 7. Интегральное представление регулярных решений

Согласно теореме 2.4.2 и (2.4.6), составим эквивалентное уравнению (2.6.2) интегральное уравнение

$$w - Pw = V, \tag{2.7.1}$$

где

$$(P\,w)(x, y) = \frac{1}{2\pi\lambda} \iint_G (Aw)(\xi, \ \eta)\Omega(\zeta, \ \bar{\zeta}; z, \ \bar{z})(p_\xi)^{-1} d\xi \Lambda\, d\eta, \tag{2.7.2}$$

$$V(x, y) = h(x, y) + \frac{1}{2\pi\lambda} \iint_G f(\xi, \ \eta)\, \Omega(\zeta, \ \bar{\zeta}; z, \ \bar{z})\ (p_\xi)^{-1} d\xi \Lambda\, d\eta,$$

$\Omega(\zeta, \bar{\zeta}; z, \ \bar{z})$ имеет вид (2.4.3), функция $h(x, y)$ F-моногенная по p в G, *непрерывна в* $\overline{G}$ *и, в силу теоремы 2.4.2, однозначно выражается через краевые значения* $w(\zeta)$ *по формуле*

$$h(x, y) = \frac{1}{2\pi\lambda} \int_{\partial G} w(\zeta)\ \Omega(\zeta, \ \bar{\zeta}; z, \ \bar{z})\, (p_\xi)^{-1} dp.$$

Покажем, что уравнение (2.7.1) разрешимо при любой правой части. Для этого докажем, что однородное уравнение $w - Pw = 0$ не имеет решений, отличных от тривиального $w(x, y) \equiv 0$.

В самом деле, запишем это уравнение в виде $w = Pw$ и пусть w какое-либо его решение. Из самого вывода уравнения (2.7.1) ясно, что всякое решение уравнения $w - Pw = 0$ будет регулярным в G и непрерывным в $\bar{G}$ решением уравнения (2.6.6). Из $w = Pw$ и (2.7.2) видно, что $w(x, y)$, будучи непрерывной на всей плоскости, на ∂G принимает значения функции, F-моногенной по $p(x, y)$ вне $\overline{G}$ и исчезающей на бесконечности. Согласно основной лемме, $w(x, y) = 0$ в G.

Это значит, что единственное решение $w(x, y)$ уравнения (2.7.1) можно строить, как известно, методом последовательных приближений.

Глава III

ПОСТРОЕНИЕ ПОЛИНОМИАЛЬНОЙ СУПЕРАЛГЕБРЫ

§ 3. 1. О рассматриваемой алгебре

Линейное $(m + n)$ – мерное пространство над полем комплексных чисел C наделим структурой алгебры A, коммутативной и ассоциативной, с базисом

$$\boldsymbol{\varepsilon^0 = 1_{\mathrm{A}}, \varepsilon, \ldots . \varepsilon^{m+n-1}}, \quad \boldsymbol{\varepsilon^k \varepsilon^h = \varepsilon^{k+h}}, \quad \boldsymbol{k, h = 0, 1, \ldots .; \quad k + h \leq m + n - 1}, \tag{3.1.1}$$

и определяющим уравнением

$$f(\varepsilon) = \prod_{v=0}^{\mu} (\varepsilon - a_v)^{s_v} \prod_{k=1}^{m} (\varepsilon - r_k) = 0, \tag{3.1.2}$$

где $a_0 = 0,\ a_v \neq a_\gamma,\ v \neq \gamma,\ r_k \neq r_j,\ k \neq j,\ a_v \neq 0,\ v = 1, \ldots . . \mu,\ r_k \neq 0$ – комплексные числа. Пусть $s_0 + s_1 \ldots . . + s_\mu = n$, тогда $\dim A = m + n$.

Алгебры A с определяющим уравнением вида (3.1.2) А. Албертом [32] были названы полиномиальными. Если $s_v = 0,\ v = 0, \ldots . . \mu$, то имеем алгебру, используемую Брювье [2 , с. 227] при построении теории тригонометрических и гиперболических функций порядка n.

Построению и изучению пространств над различными алгебрами векторов размерности выше двух посвящено много работ (см., например, [9]).

В данной главе мы построим в алгебре A базис (стандартный) с удобным законом умножения, укажем формулы перехода от стандартного базиса к базису (3.1.1), покажем, что A обладает структурой Z_2 градуированного пространства.

§ 3. 2. Свойства элементов e_k, $k = 1, \dots, m+1$ и ω_j, $j = 1, \dots, n-1$

Введем «новые» элементы алгебры *A:*

$$e_k = \frac{F_k(\varepsilon)\prod_{v=0}^{\mu}(\varepsilon - a_v)^{s_v}}{F_k(r_k)\prod_{v=0}^{\mu}(r_k - a_v)^{s_v}}, \tag{3.2.1}$$

где

$$F_k(\varepsilon) = \prod_{i=1}^{k-1}(\varepsilon - r_i)\ \prod_{i=k+1}^{m}(\varepsilon - r_i),\ \ k = 1, \dots, m, \tag{3.2.2}$$

$$e_{m+1} = 1_A - \sum_{k=1}^{m} e_k, \tag{3.2.3}$$

$$\omega_j = \varepsilon^j e_{m+1},\ \ j = 1, \dots, n-1. \tag{3.2.4}$$

Лемма 3. 2. 1.

(i) $e_k e_s = 0,\ k \neq s,\ k,\ s = 1, \dots, m;$

(ii) $e_k^2 = e_k,\ k = 1, \dots, m;$

(iii) $e_{m+1} e_s = 0,\ s = 1, \dots, m;$

(iv) $e_{m+1}^2 = e_{m+1};$

(v) $\omega_j e_k = 0,\ j = 1, \dots, n-1;\ k = 1, \dots, m;$

(vi) $\omega_j e_{m+1} = \omega_j,\ j = 1, \dots, n-1.$

Доказательство. Свойство (i) сразу следует из вида (3.2.1) элементов e_k и определяющего уравнения (3.1.2). Далее, поскольку $e_k(\varepsilon - r_k) = 0$, имеем $\varepsilon e_k = r_k e_k$, откуда $\varepsilon(\varepsilon e_k) = r_k(\varepsilon e_k) = (r_k)^2 e_k$ и

$$\varepsilon^N e_k = (r_k)^N e_k, \quad N = 1, 2, \dots. \tag{3.2.5}$$

Теперь, в силу того, что $(\varepsilon - r_j)e_k = (r_k - r_j)e_k$ и (3.2.1) имеем (ii). Свойство (iii) следует сразу из свойств (i), (ii) и вида e_{m+1} (3.2.3). Свойство (iv) следует из (iii) и вида (3.2.5). Так как $\omega_j e_k = (\varepsilon^j e_{m+1})e_k = \varepsilon^j(e_{m+1}e_k) = 0$, $j = 1, \dots, n-1;$ $k = 1, \dots, m,$ то имеем (v). Свойство (vi) сразу следует из (iv) и (3.2.4). Лемма доказана.

Установим формулы перехода от элементов e_k $k = 1, \dots, m+1$, ω_j, $j = 1, \dots, n-1$, к элементам $\varepsilon^k, k = 0, \dots, m+n-1$(3.1.1).

Согласно формулам (3.2.4), (3.2.3) и (3.2.5) имеем $\omega_j = \varepsilon^j -$ $- \sum_{k=1}^{m}(r_k)^j e_k$, $j = 1, \dots, n-1$, отсюда

$$\varepsilon^j = \omega_j + \sum_{k=1}^{m}(r_k)^j e_k, \; j = 1, \dots, n-1. \tag{3.2.6}$$

Далее, имеем тождество $\sum_{k=1}^{m}\frac{F_k(\varepsilon)}{F_k(r_k)} \equiv 1$, так как построив многочлен комплексной переменной x:

$$\tilde{f}(x) = \sum_{k=1}^{m}\frac{F_k(x)}{F_k(r_k)} - 1,$$

для $x = r_k$ (k = 1, …, m) имеем $\widetilde{f}(r_k) = 0$. Поскольку $\deg\tilde{f}(x) \leq m-1$, то $\tilde{f}(x) \equiv 0$. Теперь в силу этого тождества и вида e_k (3.2.1) имеем

$$\sum_{k=1}^{m}\prod_{v=0}^{\mu}(r_k - a_v)^{s_v} e_k = \prod_{v=0}^{\mu}(\varepsilon - a_v)^{s_v}. \tag{3.2.7}$$

Поскольку

$$(\varepsilon - a_v)^{s_v} = \sum_{l=0}^{s_v} A_l^v \varepsilon^l, \tag{3.2.8}$$

где коэффициенты A_l^v удобней представить рекуррентными формулами

$$A_l^v = \alpha_l^v (a_v)^{s_v - l}, \; \alpha_{l+1}^v = \frac{l - s_v}{l+1}\alpha_l^v, \; v = 1, \dots, \mu, \; \alpha_0^v = 1, \tag{3.2.9}$$

имеем

$$\prod_{v=0}^{\mu}(\varepsilon - a_v)^{s_v} = \varepsilon^n + \sum_{l=0}^{(s_1+\cdots+s_\mu)-1}\gamma_l^{12\dots\mu}\varepsilon^{l+s_0}, \tag{3.2.10}$$

где

$$\gamma_l^{12} = \sum_{k=0}^{l} A_k^1 A_{l-k}^2, \tag{3.2.11}$$

$$\gamma_l^{12\dots v} = \sum_{k=0}^{l}\gamma_k^{12\dots(v-1)} A_{l-k}^v, \quad v = 3, \dots, \mu. \tag{3.2.12}$$

В силу (3.2.10) и (3.2.7)

$$\varepsilon^n = \sum_{k=1}^{m}\prod_{v=0}^{\mu}(r_k - a_v)^{s_v} e_k - \sum_{l=0}^{(s_1+\cdots+s_\mu)-1}\gamma_l^{12\dots\mu}\varepsilon^{l+s_0}. \tag{3.2.13}$$

Подставив в (3.2.13) вместо ε^{l+s_0} их выражения из (3.2.6), после несложных вычислений получим

$$\varepsilon^n = \sum_{k=1}^m (r_k)^n e_k - \sum_{l=0}^{(s_1+\cdots+s_\mu)-1} \gamma_l^{12\ldots\mu}\, \omega_{l+s_0}. \qquad (3.2.14)$$

С другой стороны, в силу (3.2.6) и (3.2.5) имеем

$$\varepsilon^n = \varepsilon\omega_{\left(s_{0+}\cdots+s_\mu\right)-1} + \sum_{k=1}^m (r_k)^{n-1} \varepsilon e_k = \varepsilon\omega_{n-1} + \sum_{k=1}^m (r_k)^n\, e_k. \qquad (3.2.15)$$

Сравнивая (3.2.14) и (3.2.15), получаем

$$\varepsilon^n = \varepsilon\omega_{n-1} + \sum_{k=1}^m (r_k)^n\, e_{k,} \qquad (3.2.16)$$

где

$$\varepsilon\omega_{n-1} = -\sum_{l=0}^{n-(s_0+1)} \gamma_l^{12\ldots\mu}\, \omega_{l+s_0.} \qquad (3.2.17)$$

Согласно (3.2.16) и (3.2.5)

$$\varepsilon^{n+1} = \varepsilon^2\omega_{n-1} + \sum_{k=1}^m (r_k)^{n+1} e_k,$$

где в силу (3.2.17) $\varepsilon^2\omega_{n-1} = \varepsilon(\varepsilon\omega_{n-1}) = [(\gamma_{n-s_0-1}^{1\ldots\mu})^2 - \gamma_{n-s_0-2}^{1\ldots\mu}]\omega_{n-1} +$ $+\sum_{l=0}^{n-s_0-3}\left[\gamma_{n-s_0-1}^{1\ldots\mu}\gamma_{l+1}^{1\ldots\mu} - \gamma_l^{1\ldots\mu}\right]\omega_{l+s_0+1} + \gamma_{n-s_0-1}^{1\ldots\mu}\gamma_0\, \omega_{s_0}.$

Таким образом, доказана следующая теорема.

Теорема 3.2.1.

$$\varepsilon^j = \omega_j + \sum_{k=1}^m (r_k)^j e_k, \quad j = 1, \ldots, n-1,$$

$$\varepsilon^{n+s} = \varepsilon(\varepsilon^s\omega_{n-1}) + \sum_{k=1}^m (r_k)^{n+s}\, e_k, \qquad s = 0, 1, \ldots,$$

где ω_j, j=1, …, *n-1, имеют вид* (3.2.4), $\varepsilon\omega_{n-1}$ *определяется по формуле* (3.2.17), *где* $\gamma_l^{1\dots\mu}$ *определяется по формулам* (3.2.11), (3.2.12) и (3.2.9), *а* $\varepsilon^s\omega_{n-1}$ *определяются последовательно согласно* (3.2.17) *и тому, что* $\varepsilon^s\omega_{l+s_0} = \omega_{i+s+s_0}$ *при всех s:* $l+s+s_0 \le n-1$.

Правило умножения элементов ω_j, *j=1, …, n-1,* определяет такая лемма.

Лемма 3. 2.2.

$$\omega_i\omega_j = \omega_j\omega_i = \begin{cases} \omega_{i+j} \text{ при } i,j = 1, \ \dots, \ n-1; \ i+j \le n-1; \\ \varepsilon^s\omega_{n-1} \text{ при } i+j = (n-1)+s, \ s = 1,\dots,n-1, \end{cases}$$

где в силу (3.2.17) $\varepsilon^s\omega_{n-1}$ *однозначно разлагаются по элементам* ω_{s_0}, $\omega_{s_0+1},\dots,\omega_{n-1}$.

В силу теоремы 3.2. 1 и леммы 3.2. 2 нетрудно доказывается следующая терема.

Теорема 3. 2. 2.

$e_1,\dots,e_{m+1},\omega_1,\dots,\omega_{n-1}$– *базис алгебры A.*

3.2.1. Z_2 - градуированное пространство. Обозначим через A^0 и A^1 подпространства C – линейного пространства *A,* порожденные соответственно базисными элементами e_1, …, e_{m+1} и $\omega_1,\dots,\omega_{n-1}$ (e_1, …, e_{m+1} – ортогональные идемпотенты *A*). Таким образом, $A = A^0 \oplus A^1 - Z_2$- градуированное линейное пространство с градуировкой (A^0, A^1). Элементы пространств A^0 и A^1 называются [11] однородными соответственно четности

$$p(a) = \begin{cases} 0, & \text{если } a \in A^0; \\ 1, & \text{если } a \in A^1. \end{cases}$$

Согласно лемме 3.2.1 и тому, что $e_1 + e_2 + \dots + e_{m+1} = 1_A \in A^0, A^0$ – подалгебра алгебры *A,* ясно, что $A^0 = e_1A \oplus \dots \oplus e_{m+1}A$; A^1 – подалгебра алгебры *A* без единицы. Следуя [3] назовем $\{e_i, \omega_j\}$, *i=1, ..., m+1; j=1, ..., n-1,* стандартным базисом пространства $A \equiv A^{m+1,n-1} = A^{m+1,0} \times A^{0,n-1}$.

Глава IV

НЕКОТОРЫЕ ПРИЛОЖЕНИЯ

Пользуясь теорией, развитой в главе II, и, свойствами полиномиальной супералгебры, рассмотрим некоторые приложения.

§ 4.1. Предварительные построения, необходимые в дальнейшем

4.1.1. Нахождение обратного элемента. Ограничимся рассмотрением алгебры $\tilde{A} = \widetilde{A^0} \oplus \widetilde{A^1}$ размерности m +5, определяемой соотношением (3.1.2) при $s_0 = 3$, $s_1 = 2$, $s_\nu = 0$, $\nu = 2, 3, \ldots, \mu$, т.е.

$$f(\varepsilon) = \varepsilon^3 (\varepsilon - a)^2 \Pi_{k=1}^{m} (\varepsilon - r_k) = 0. \qquad (4.1.1)$$

Здесь правило перемножения элементов $\omega_1, \ldots, \omega_4$ между собой, согласно лемме 3.2.2, удобно представить таблицей

	ω_1	ω_2	ω_3	ω_4
ω_1	ω_2	ω_3	ω_4	$\varepsilon\omega_4$
ω_2	ω_3	ω_4	$\varepsilon\omega_4$	$\varepsilon^2\omega_4$
ω_3	ω_4	$\varepsilon\omega_4$	$\varepsilon^2\omega_4$	$\varepsilon^3\omega_4$
ω_4	$\varepsilon\omega_4$	$\varepsilon^2\omega_4$	$\varepsilon^3\omega_4$	$\varepsilon^4\omega_4$

где $\varepsilon^n\omega_4 = (n+1)(a)^n\omega_4 - n(a)^{n+1}\omega_3$, $n = 1, 2, 3, 4$.

В стандартном базисе $\{e_k, \omega_j\}$, $k = 1, \ldots, 4$; $j = 1, \ldots, 4$, для элемента

$$\alpha = \sum_{k=1}^{m+1} \alpha^k e_k + \sum_{j=1}^{4} \alpha^{m+1+j} \omega_j$$

найдём элемент

$$\beta = \sum_{k=1}^{m+1} \beta^k e_k + \sum_{j=1}^{4} \beta^{m+1+j} \omega_j,$$

обратный к нему. Согласно лемме 3.2.1 имеем

$$\alpha\beta = \sum_{k=1}^{m+1} \alpha^k \beta^k e_k + \sum_{j=1}^{4} (\alpha^{m+1}\beta^{m+1+j} + \beta^{m+1}\alpha^{m+1+j})\, \omega_j +$$

$$+ \sum_{i,j=1}^{4} \alpha^{m+1+j}\beta^{m+1+i} \omega_j \omega_i = 1_{\tilde{A}} \equiv \sum_{k=1}^{m+1} e_k.$$

Отсюда, пользуясь табличкой для произведения элементов ω_j $(j = 1, \dots, 4)$, получим систему

$$\begin{aligned}
&\alpha^k \beta^k = 1 \text{ при } k = 1, \dots, m+1,\\
&\alpha^{m+1}\beta^{m+2} + \beta^{m+1}\alpha^{m+2} = 0,\\
&\alpha^{m+1}\beta^{m+3} + \alpha^{m+2}\beta^{m+2} + \alpha^{m+3}\beta^{m+1} = 0,\\
&\gamma_{11}\beta^{m+4} - (a)^2\gamma_{21}\beta^{m+5} = \sigma_1,\\
&\gamma_{21}\beta^{m+4} + \gamma_{22}\beta^{m+5} = \sigma_2,
\end{aligned} \tag{4.1.2}$$

где

$$\gamma_{11} = \alpha^{m+1} - (a)^2\alpha^{m+3} - 2\,(a)^3\alpha^{m+4} - 3\,(a)^4\alpha^{m+5},$$

$$\gamma_{21} = \alpha^{m+2} + 2\,(a)\,\alpha^{m+3} + 3\,(a)^2\alpha^{m+4} + 4\,(a)^3\alpha^{m+5},$$

$$\gamma_{22} = 2\,(a)\,\alpha^{m+2} + 3\,(a)^2\alpha^{m+3} + 4\,(a)^3\,\alpha^{m+4} + 5\,(a)^4\,\alpha^{m+5},$$

$$\sigma_1 = \alpha^{m+4}\beta^{m+1} + [\,\alpha^{m+3} - (a)^2\alpha^{m+5}\,]\,\beta^{m+2} +$$

$$+ [\,\alpha^{m+2} - (a)^2\alpha^{m+4} - 2\,(a)^3\alpha^{m+5}\,]\,\beta^{m+3},$$

$$\sigma_2 = \alpha^{m+5}\beta^{m+1} + [\,\alpha^{m+4} + 2\,(a)\alpha^{m+5}\,]\,\beta^{m+2} +$$

$$+ [\,\alpha^{m+3} + 2\,(a)\,\alpha^{m+4} + 3\,(a)^2\alpha^{m+5}\,]\,\beta^{m+3},$$

из которой элемент $\beta = \alpha^{-1} \in \widetilde{A}$ определяется.

Из системы (4.1.2) видно, что $\beta^k = 1/\alpha^k$ $(k = 1, \ldots, m+1)$, β^{m+2} и β^{m+3} находятся соответственно из второго и третьего уравнений, а β^{m+4} и β^{m+5} – из четвертого и пятого уравнений системы, с определителем

$$\Delta = \gamma_{11}\gamma_{22} + (a)^2 (\gamma_{21})^2 \neq 0. \qquad (4.1.3)$$

4.1.2. Нахождение элемента алгебры, квадрат которого равен – 1. Найдём элемент $\lambda \in \widetilde{A}$:

$$\lambda = \sum_{k=1}^{m+1} \lambda^k e_k + \sum_{j=1}^{4} \lambda^{m+1+j} \omega_j,$$

квадрат которого равен – 1. Согласно лемме 3.2.1, имеем

$$(\lambda)^2 = \sum_{k=1}^{m+1} (\lambda^k)^2 e_k + 2\lambda^{m+1} \sum_{j=1}^{4} \lambda^{m+1+j} \omega_j +$$

$$+ \sum_{j=1}^{4} \sum_{i=1}^{4} \lambda^{m+1+j} \lambda^{m+1+i} \omega_j \omega_i = -1 \sum_{k=1}^{m+1} e_k .$$

Отсюда и леммы 3.2.2 (таблица) ясно, что $\lambda^k = \pm i$ при $k = 1, \ldots, m+1$; $\lambda^{m+2} = \lambda^{m+3} = 0$; λ^{m+4} и λ^{m+5} определяются из системы:

$$\lambda^{m+1}\lambda^{m+4} - (a)^3 (\lambda^{m+4})^2 - 3(a)^4 \lambda^{m+4}\lambda^{m+5} - 2(a)^5 (\lambda^{m+5})^2 = 0,$$

$$2\lambda^{m+1}\lambda^{m+5} + 3(a)^2 (\lambda^{m+4})^2 + 8(a)^3 \lambda^{m+4}\lambda^{m+5} + 5(a)^4 (\lambda^{m+5})^2 = 0.$$

Исключив из этой системы $(\lambda^{m+5})^2$, затем $(\lambda^{m+4})^2$, придем к системе

$$5\lambda^{m+1}\lambda^{m+4} + 4(a)\lambda^{m+1}\lambda^{m+5} + (a)^3(\lambda^{m+4})^2 + (a)^4 \lambda^{m+4}\lambda^{m+5} = 0,$$

$$3\lambda^{m+1}\lambda^{m+4} + 2(a)\lambda^{m+1}\lambda^{m+5} - (a)^4 \lambda^{m+4}\lambda^{m+5} - (a)^5 (\lambda^{m+5})^2 = 0.$$

Откуда имеем

$$(a)^3 \lambda^{m+4} + (a)^4 \lambda^{m+5} = -4a\lambda^{m+1}\gamma - 5\lambda^{m+1},$$

$$(a)^4 \lambda^{m+4} + (a)^5 \lambda^{m+5} = 3\lambda^{m+1}(1/\gamma) + 2a\lambda^{m+1}, \qquad (4.1.4)$$

где $\gamma = \lambda^{m+5} / \lambda^{m+4}$.

Отсюда, умножив первое уравнение системы (4.1.4) на a и сложив со вторым, получим уравнение

$$4(a)^2\gamma^2 + 7(a)\gamma + 3 = 0,$$

решения которого: γ_1 = - (3/4a), γ_2 = - (1/a). $\lambda^{m+5} = -(1/a)\lambda^{m+4}$ не удовлетворяет системе (4.1.4). При $\gamma = -(3/4a)$ имеем λ^{m+5} = - (3/4a) $* \lambda^{m+4}$, что при подстановке в систему (4.1.4) даёт:

$$\lambda^{m+4} = -(8/(a)^3)\,\lambda^{m+1}, \qquad \lambda^{m+5} = (6/(a)^4)\,\lambda^{m+1}.$$

Для определённости всюду в дальнейшем считаем, что $\lambda^k=+i$, при $k=1,\dots,\mu$; $\lambda^k = -i$ при $k = \mu+1, \dots, m+1$.

Тогда элемент $\lambda \in \tilde{A}$, квадрат которого $(\lambda)^2 = -1$, следующий: $\lambda^k = +i$ при $k = 1,\dots,\mu$; $\lambda^k = -i$ при $k = \mu+1,\dots,m+1$; $\lambda^{m+2} = \lambda^{m+3} = 0$;

$$\lambda^{m+4} = 8i/(a)^3; \qquad \lambda^{m+5} = -6i/(a)^4.$$

4.1.3. Нахождение элемента, удовлетворяющего условиям (II), (III) главы II. Найдём элемент $p(x, y) \in C^1(\overline{G}, \widetilde{A})$:

$$p(x,y) = \sum_{h=0}^{m+4} p_h(x,y)\varepsilon^h = \sum_{k=1}^{m+1} p^k(x,y)e_k + \sum_{j=1}^{4} p^{m+1+j}(x,y)\omega_j,$$

удовлетворяющий в конечной области G комплексной плоскости $z = x + iy$ условиям:

$$(\partial p/\partial x)^2 + (\partial p/\partial y)^2 = 0, \qquad (\partial p/\partial x)^{-1} \text{ существует.} \qquad (4.1.5)$$

Обозначив $(\partial p/\partial x)^{-1}(\partial p/\partial y) = \lambda$, в силу (4.1.5), имеем $(\lambda)^2 = -1$; откуда $\lambda = \mathrm{Const} \in \tilde{A}$. Теперь, записав соотношение $(\partial p/\partial y) = \lambda\,(\partial p/\partial x)$ в базисе $e_1,\dots, e_{m+1}$, $\omega_1,\dots,\omega_4$, в силу выбранного нами λ и свойств базиса, получим :

$$\frac{\partial p^k}{\partial y} = i\frac{\partial p^k}{\partial x} \qquad \text{при } k = 1, \dots, \mu;$$

$$\frac{\partial p^k}{\partial y} = -i\,\frac{\partial p^k}{\partial x} \quad \text{при } k = \mu+1, \dots, m+3;$$

$$\frac{\partial p^{m+4}}{\partial y} - i\frac{\partial p^{m+4}}{\partial x} = 2i\left[\frac{4}{(a)^3}\frac{\partial p^{m+1}}{\partial x} + \frac{3}{(a)^2}\frac{\partial p^{m+2}}{\partial x} + \frac{2}{a}\frac{\partial p^{m+3}}{\partial x}\right];$$

$$\frac{\partial p^{m+5}}{\partial y} - i\frac{\partial p^{m+5}}{\partial x} = -2i\left[\frac{3}{(a)^4}\frac{\partial p^{m+1}}{\partial x} + \frac{2}{(a)^3}\frac{\partial p^{m+2}}{\partial x} + \frac{1}{(a)^2}\frac{\partial p^{m+3}}{\partial x}\right].$$

Отсюда ясно, что элемент $p(x, y) \in C^1(G, \widetilde{A})$, удовлетворяющий условиям (4.1.5), имеет вид

$$p(x, y) = \sum_{k=1}^{\mu} P_k(z) e_k + \sum_{k=\mu+1}^{m+1} P_k(\overline{z}) e_k +$$

$$+ \sum_{j=1}^{2} P_{m+1+j}(\overline{z}) \omega_j + \sum_{j=3}^{4} \widetilde{P_{m+1+j}}(z) \omega_j, \qquad (4.1.6)$$

где $P_k(z)$ $(k = 1, \ldots, \mu)$ $(P_k(\overline{z})$ $(k = \mu+1, \ldots, m+3))$ – произвольные функции, голоморфные (антиголоморфные) от z в G,

$$\widetilde{P_{m+4}}(z) = g^{m+4}(z) - \frac{1}{\pi} \iint_G \frac{\theta_1(\xi, \eta)}{\zeta - z} d\xi \wedge d\eta,$$

$$\widetilde{P_{m+5}}(z) = g^{m+5}(z) - \frac{1}{\pi} \iint_G \frac{\theta_2(\xi, \eta)}{\zeta - z} d\xi \wedge d\eta,$$

где g^{m+4}, g^{m+5} – произвольные функции, голоморфные от z в G,

$$\theta_1(x, y) = -\frac{4}{(a)^3} \frac{\partial p^{m+1}}{\partial x} - \frac{3}{(a)^2} \frac{\partial p^{m+2}}{\partial x} - \frac{2}{a} \frac{\partial p^{m+1}}{\partial x}, \qquad (4.1.7)$$

$$\theta_2(x, y) = \frac{3}{(a)^4} \frac{\partial p^{m+1}}{\partial x} + \frac{2}{(a)^3} \frac{\partial p^{m+2}}{\partial x} + \frac{1}{(a)^2} \frac{\partial p^{m+3}}{\partial x}. \qquad (4.1.8)$$

Элемент $(\partial p / \partial x)^{-1} \in C(G, \widetilde{A})$, обратный к $(\partial p / \partial x) \in C(G, \widetilde{A})$, находится следующим образом. Поскольку $\partial / \partial x = \partial / \partial z + \partial / \partial \bar{z}$, из (4.1.6) имеем

$$\frac{\partial p}{\partial x} = \sum_{k=1}^{\mu} \frac{\partial P_k(z)}{\partial z} e_k + \sum_{k=\mu+1}^{m+1} \frac{\partial P_k(\overline{z})}{\partial \bar{z}} e_k +$$

$$+ \sum_{j=1}^{2} \frac{\partial P_{m+1+j}(\overline{z})}{\partial \bar{z}} \omega_j + \sum_{j=3}^{4} \frac{\partial \widetilde{P_{m+1+j}}}{\partial x} \omega_j, \qquad (4.1.9)$$

где, как следует из [7, с. 73],

$$\frac{\partial \widetilde{P_{m+4}}}{\partial x} = \frac{d g^{m+4}}{dz} + \theta_1(x, y) + \Pi \theta_1, \qquad (4.1.10)$$

$$\frac{\partial \widetilde{P_{m+5}}}{\partial x} = \frac{d g^{m+5}}{dz} + \theta_2(x, y) + \Pi \theta_2, \qquad (4.1.11)$$

где

$$\Pi\theta_i = -\frac{1}{\pi}\iint_G \frac{\theta_i(\xi,\eta)}{(\zeta - z)^2}\, d\xi \Lambda d\eta \qquad (i = 1, 2).$$

Так как в силу (4.1.6) – (4.1.8) $(\partial\theta_i/\partial z) = 0$, то [7, с. 77 – 78],

$$\Pi\theta_i = -\frac{1}{2\pi i}\int_{\partial G} \frac{\theta_i(\zeta)}{\zeta - z}\, d\bar{\zeta} \quad (i = 1, 2). \qquad (4.1.12)$$

Пусть функции $\partial P_k/\partial z$ $(k = 1,2,\dots,\mu)$, $\partial P_k/\partial\bar{z}$ $(k = \mu+1,\dots,m+1)$ и Δ (4.1.3) , соответствующим образом построенная, имеют в G конечное число нулей. Удаляя из G эти нули вместе с достаточно малыми окрестностями, обозначим через D ограниченную замкнутую подобласть области G. Тогда в силу формул (4.1.2) и (4.1.9) в области D имеем

$$\left(\frac{\partial p}{\partial x}\right)^{-1} = \sum_{k=1}^{\mu}\left(\frac{\partial P_k}{\partial z}\right)^{-1} e_k + \sum_{k=\mu+1}^{m+1}\left(\frac{\partial P_k}{\partial \bar{z}}\right)^{-1} e_k +$$

$$+ \sum_{j=1}^{2} P_{1j}(\bar{z})\omega_j + \sum_{j=3}^{4} \widetilde{P_{1j}}(z)\,\omega_j, \qquad (4.1.13)$$

где $P_{11}(\bar{z}) = -(\partial P_{m+2}/\partial\bar{z})\,(\partial P_{m+1}/\partial\bar{z})^{-2}$,

$P_{12}(\bar{z}) = \left[\left(\frac{\partial P_{m+2}}{\partial\bar{z}}\right)^2 - \frac{\partial P_{m+1}}{\partial\bar{z}}\frac{\partial P_{m+3}}{\partial\bar{z}}\right](\partial P_{m+1}/\partial\bar{z})^{-3}$,

$\widetilde{P_{13}}(z) = (1/\Delta)(\sigma_1\gamma_{22} + (a)^2\sigma_2\gamma_{21})$, $\widetilde{P_{14}}(z) = (1/\Delta)(\sigma_2\gamma_{11} - \sigma_1\gamma_{21})$.

Здесь все величины, определяющие $\widetilde{P_{13}}$ и $\widetilde{P_{14}}$, нужно, согласно п. 4.1.1, соответствующим образом вычислить.

Пусть $q(x, y) = \sum_{h=0}^{m+4} q_h(z)\varepsilon^h = \sum_{k=1}^{m+1} q^k(z)e_k + \sum_{j=1}^{4} q^{m+1+j}(z)\omega_j \in C^1(D, \widetilde{A})$

такова, что в области D для элемента

$$\delta = -2i\left(\frac{\partial p}{\partial z}\frac{\partial q}{\partial\bar{z}} - \frac{\partial p}{\partial\bar{z}}\frac{\partial q}{\partial z}\right)$$

существует обратный δ^{-1} элемент.

Теперь мы перейдём к построению изучаемой системы.

§ 4. 2. О рассматриваемой системе

Рассмотрим уравнение (2.6.2), записанное в виде

$$\delta \frac{\partial w}{\partial q} = \mathrm{B}\, w + \mathrm{F}, \tag{4.2.1}$$

где B, F$\in C(D, \widetilde{A})$,

$$\mathrm{B} = \sum_{h=0}^{m+4} b_h(z)\varepsilon^h = \sum_{k=1}^{m+1} b^k(z) e_k + \sum_{j=1}^{4} b^{m+1+j}(z)\, \omega_j,$$

$$\mathrm{F} = \sum_{h=0}^{m+4} F_h(z)\, \varepsilon^h = \sum_{k=1}^{m+1} F^k(z)\, e_k + \sum_{j=1}^{4} F^{m+1+j}(z)\, \omega_j,$$

$$\mathrm{w} = \sum_{h=0}^{m+4} w_h(z)\, \varepsilon^h = \sum_{k=1}^{m+1} w^k(z)\, e_k + \sum_{j=1}^{4} w^{m+1+j}(z)\, \omega_j.$$

Решение w будем искать в классе $C_q\,(D, \widetilde{A})$. Для этого вначале найдём систему, эквивалентную уравнению (4.2.1). В самом деле, поскольку

$$\delta\, \frac{\partial w}{\partial q} = -2i \left(\frac{\partial p}{\partial z} \frac{\partial w}{\partial \bar{z}} - \frac{\partial p}{\partial \bar{z}} \frac{\partial w}{\partial z} \right),$$

в базисе $e_1, e_2, \ldots, e_{m+1}, \omega_1, \ldots, \omega_4$ в силу (4.1.6) – (4.1.12) и свойств этого базиса уравнение (4.2.1) запишется в виде:

$$-2i\, \frac{\partial \tilde{P}}{\partial z} \frac{\partial \vec{w}}{\partial \bar{z}} + 2i\, \frac{\partial \tilde{Q}}{\partial \bar{z}} \frac{\partial \vec{w}}{\partial z} = \widetilde{B}\, \vec{w} + \vec{F}\,, \tag{4.2.2}$$

где

$$\vec{w} = \begin{bmatrix} w^1 \\ \vdots \\ w^{m+5} \end{bmatrix}, \qquad \vec{F} = \begin{bmatrix} F^1 \\ \vdots \\ F^{m+5} \end{bmatrix},$$

$\tilde{P} =$

$i \backslash j$	$1 \cdots m+1$	$m+2$	$m+3$	$m+4$	$m+5$
$1 \; \vdots \; m+1$	$P_1 \; \ddots \; P_\mu \; 0 \; \ddots \; 0$	0			
$m+4$	$\tilde{P}_{m+4}$	$-(a)^2\tilde{P}_{m+5}$	$-(a)^2\tilde{P}_{m+4} - 2(a)^3\tilde{P}_{m+5}$	$-2(a)^3\tilde{P}_{m+4} - 3(a)^4\tilde{P}_{m+5}$	$-3(a)^4\tilde{P}_{m+4} -$ $-4(a)^5\tilde{P}_{m+5}$
$m+5$	$\tilde{P}_{m+5}$	$\tilde{P}_{m+4} + 2a\tilde{P}_{m+5}$	$2a\tilde{P}_{m+4} + 3(a)^2\tilde{P}_{m+5}$	$3(a)^2\tilde{P}_{m+4} + 4(a)^3\tilde{P}_{m+5}$	$4(a)^3\tilde{P}_{m+4} +$ $+5(a)^4\tilde{P}_{m+5}$

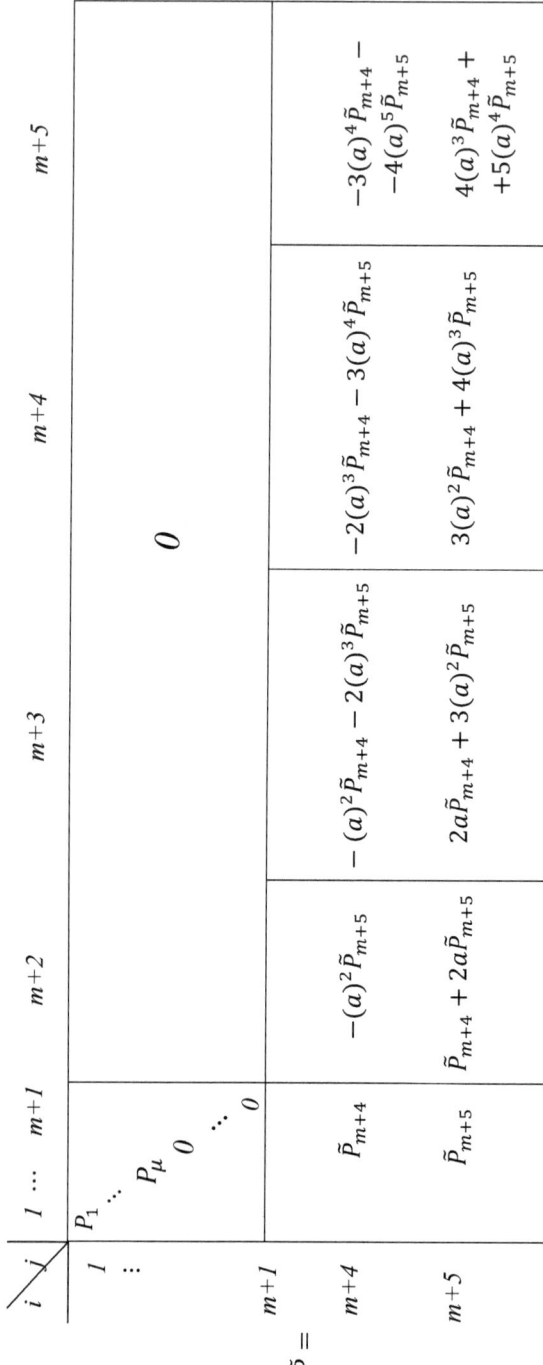

$\tilde{Q} =$

$i \backslash j$	$1 \cdots m+1$	$m+2$	$m+3$	$m+4$	$m+5$
1 $\vdots$ $m+1$	0 $\ddots$ $P_{\mu+1}$ $\ddots$ P_{m+1}	0			
	P_{m+2}	P_{m+1}	0	0	0
	P_{m+3}	P_{m+2}	P_{m+1}	0	0
$m+4$	$\tilde{P}_{m+4}$	$P_{m+3} -$ $-(a)^2\tilde{P}_{m+5}$	$P_{m+2} + \tilde{P}_{m+4,m+3}$	$P_{m+1} - (a)^2 P_{m+3} +$ $+\tilde{P}_{m+4,m+4}$	$-(a)^2 P_{m+2} -$ $-2(a)^3 P_{m+3} +$ $+\tilde{P}_{m+4,m+5}$
$m+5$	$\tilde{P}_{m+5}$	$\tilde{P}_{m+5,m+2}$	$P_{m+3} + \tilde{P}_{m+5,m+3}$	$P_{m+2} + 2aP_{m+3} +$ $+\tilde{P}_{m+5,m+4}$	$P_{m+1} + 2aP_{m+2} +$ $+3(a)^2 P_{m+3} +$ $+\tilde{P}_{m+5,m+5}$

$\tilde{P}_{i,j}$ - соответствующие элементы матрицы $\tilde{P}$.

$$
\tilde{B} = \begin{array}{c|c|c}
i \backslash j & 1 \ \cdots \ m+1 & m+2 \ \cdots \ m+5 \\
\hline
\begin{matrix} 1 \\ \vdots \\ m+1 \end{matrix} & \begin{matrix} b^1 & & \\ & \ddots & \\ & & b^{m+1} \end{matrix} & 0 \\
\hline
\begin{matrix} m+1 \\ m+5 \end{matrix} & * & *
\end{array}
$$

Места, обозначенные $*$ в матрице $\tilde{B}$, заполняются также, как в матрице $\tilde{Q}$, с соответствующей заменой элементов P_{m+j} , $j=1,...,3$ ($\tilde{P}_{m+j}$, $j=4, 5$) на элементы b^{m+j} ($j= 1,...,5$).

Функции $\partial/\partial z$ и $\partial/\partial \bar{z}$ от $\widetilde{P_{m+4}}$ и $\widetilde{P_{m+5}}$ в матрицах $\partial\tilde{P}/\partial z$ и $\partial\tilde{Q}/\partial \bar{z}$ имеют вид:

$$\frac{\partial \widetilde{P_{m+4}}}{\partial z} = \frac{dg^{m+4}}{dz} - \frac{1}{2\pi i}\int_{\partial D} \frac{\theta_1(\zeta)}{\zeta - z} d\bar{\zeta}, \qquad \frac{\partial \widetilde{P_{m+4}}}{\partial \bar{z}} = \theta_1(x, y),$$

$$\frac{\partial \widetilde{P_{m+5}}}{\partial z} = \frac{dg^{m+5}}{dz} - \frac{1}{2\pi i}\int_{\partial D} \frac{\theta_2(\zeta)}{\zeta - z} d\bar{\zeta}, \qquad \frac{\partial \widetilde{P_{m+5}}}{\partial \bar{z}} = \theta_2(x, y).$$

Эквивалентность уравнений (4.2.1) и (4.2.2) следует из главы II. Из вида матриц при производных в системе (4.2.2) ясно, что они вырожденные.

Нам не известны работы, в которых исследовались системы подобного вида. Ниже мы найдём структуру любого решения этой системы. Для этого введём

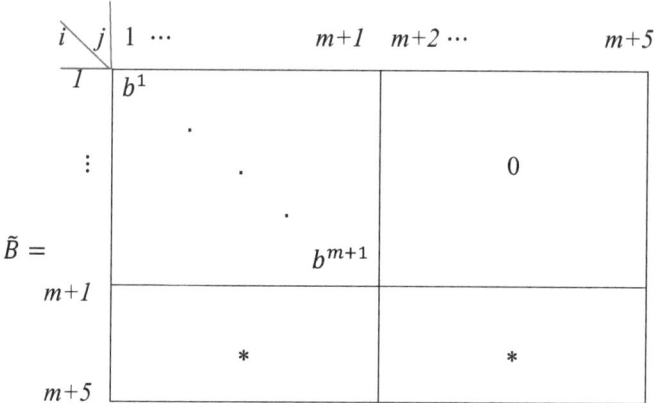

Определение 4.2.1. *Мы скажем, что* $\vec{w}$ *есть вполне регулярное в D решение системы (4.2.2), если* $w \in C_q(D, \widetilde{A})$ *удовлетворяет уравнению (4.2.1).*

Далее, согласно результатов гл. II, справедлива теорема.

Теорема 4.2.1. *Общее вполне регулярное решение уравнения (4.2.1)имеет вид*

$$w(x, y) = exp\langle\omega(x,y)\rangle[\, h(x, y) + \omega_0(x,y)\,], \qquad (4.2.3)$$

где *h(x, y) – любая функция, F-моногенная по p(x,y) в D,*

$\omega_0(x,y)$ *- частное решение уравнения*

$$\frac{\partial\omega_0}{\partial q} = exp\langle-\omega(x,y)\rangle[\, \delta^{-1}F\,],$$

$$\omega(x,y) = \frac{1}{2\pi\lambda}\iint_D B(\xi,\ \eta)\Omega(\zeta,\bar{\zeta};\mathrm{z},\bar{z})\,(p_\xi)^{-1}d\xi \wedge d\eta,$$

где

$$\Omega(\zeta,\bar{\zeta};z,\bar{z}) = \frac{1}{\zeta - z}e + \frac{1}{\bar{\zeta} - \bar{z}}\bar{e},$$

$$e = (1/2)(1 - i\lambda),\quad \bar{e} = (1/2)(1 + i\lambda),\quad \lambda \in \widetilde{A},\ \lambda^2 = -1. \qquad (4.2.4)$$

Элементы $e, \bar{e} \in \tilde{A}$ обладают свойствами:

$$e^2 = e,\ \bar{e}^2 = \bar{e},\quad e\bar{e} = 0,\ e - \bar{e} = -i\lambda,\quad e + \bar{e} = 1.$$

Теперь докажем теорему.

Теорема 4.2.2. *Всякое решение* $\vec{w} = (w^1, \dots, w^{m+5}) \in C^{m+5}$ *уравнения*

$$-2i\,(\partial\tilde{P}/\partial z)(\partial\vec{w}/\partial\bar{z}) + 2i\,(\partial\tilde{Q}/\partial\bar{z})(\partial\vec{w}/\partial z) = 0 \qquad (4.2.5)$$

имеет вид:

w^k $(k = 1, \dots, \mu)$ *– произвольные функции, голоморфные от z в D;*

$w^k$$(k = \mu+1, \dots, m+3)$– произвольные функции, *антиголоморфные от z в D;*

$$w^{m+4}(x,y) = W(z) + \frac{1}{\pi i}\int_{\partial D}\left[\frac{4}{(a)^3}w^{m+1} + \frac{3}{(a)^2}w^{m+2} + \frac{2}{a}w^{m+3}\right]Re\left(\frac{d\zeta}{\zeta - z}\right);$$

$$w^{m+5}(x, y) = \widetilde{W}(z) - \frac{1}{\pi i}\int_{\partial D}\left[\frac{3}{(a)^4}\,w^{m+1} + \frac{2}{(a)^3}\,w^{m+2} + \frac{1}{(a)^2}\,w^{m+3}\right]Re\left(\frac{d\zeta}{\zeta - z}\right),$$

где W, $\widetilde{W}$ – *произвольные функции, голоморфные от* z *в* D.

Доказательство. Уравнение (4.2.5) выражает признак моногенности функции $w \in C_q(D,\widetilde{A})$ по функции $p(x, y) \in C^1(D, \widetilde{A})$. Поскольку $p(x, y)$ удовлетворяет в области D условиям (4.1.2), имеет место (см. гл. II) представление:

$$\mathrm{w}(x, y) = \frac{1}{2\pi i}\int_{\partial D} w(\zeta)\left[\frac{d\zeta}{\zeta - z}\,e - \frac{d\bar{\zeta}}{\bar{\zeta} - \bar{z}}\,\bar{e}\right], \quad (x, y) \in D, \qquad (4.2.6)$$

где e и $\bar{e}$ имеют вид (4.2.4).

В силу выбранных нами λ, нетрудно подсчитать, что

$$e = \sum_{k=1}^{\mu} e_k + \frac{4}{(a)^3}\,\omega_3 - \frac{3}{(a)^4}\,\omega_4\,,$$

$$\bar{e} = \sum_{k=\mu+1}^{m+1} e_k - \frac{4}{(a)^3}\,\omega_3 + \frac{3}{(a)^4}\,\omega_4.$$

Отсюда, проведя в (4.2.6) соответствующие вычисления, получим

$$w^k(x, y) = \frac{1}{2\pi i}\int_{\partial D} w^k(\zeta)\,\frac{d\zeta}{\zeta - z}, \quad k = 1, \ldots, \mu;$$

$$w^k(x, y) = -\frac{1}{2\pi i}\int_{\partial D} w^k(\zeta)\,\frac{d\bar{\zeta}}{\bar{\zeta} - \bar{z}}, \quad k = \mu+1, \ldots, m+3;$$

$$w^{m+4}(x, y) = \frac{1}{2\pi i}\int_{\partial D} w^{m+4}(\zeta)\,\frac{d\zeta}{\zeta - z} +$$

$$+\frac{1}{\pi i}\int_{\partial D}\left[\frac{4}{(a)^3}\,w^{m+1} + \frac{3}{(a)^2}\,w^{m+2} + \frac{2}{a}\,w^{m+3}\right]Re\left(\frac{d\zeta}{\zeta - z}\right);$$

$$w^{m+5}(x, y) = \frac{1}{2\pi i}\int_{\partial D} w^{m+5}(\zeta)\,\frac{d\zeta}{\zeta - z} -$$

$$-\frac{1}{\pi i}\int_{\partial D}\left[\frac{3}{(a)^4}\,w^{m+1} + \frac{2}{(a)^3}\,w^{m+2} + \frac{1}{(a)^2}\,w^{m+3}\right]Re\left(\frac{d\zeta}{\zeta - z}\right).$$

Теорема доказана.

Тем самым, доказывая теорему, мы выяснили структуру функции моногенной по функции $p(x, y)$ (4.1.3) в области D.

Следствие 4.2.1. *Всякая функция* $w \in C_q(D, \widetilde{A})$, *моногенная по функции* $p(x, y)$ (4.1.3), *и только такая функция, есть решение уравнения* (4.2.5) в D.

Выяснив структуру функции, моногенной по функции $p(x, y)$ в D, в силу (4.2.3) и закона умножения элементов алгебры $\tilde{A}$ можно выяснить структуру любого решения системы (4.2.2).

Замечание 4.2.1. Функции, моногенные по другой аналогичной функции, могут служить объектом самостоятельного исследования ввиду их тесной связи с полианалитическими функциями и их обобщениями. По этому поводу см. обзор [1] и [12].

§ 4.3. Задача Коши

Рассмотрим задачу $\mathbf{dx/dt = Ax, x(0) =} \boldsymbol{x_0}$, где $\mathbf{A} = \sum_{k=1}^{m+1} a^k e_k +$ $+ \sum_{j=1}^{n-1} a^{m+1+j} \omega_j$ – постоянный элемент алгебры $A = A^0 \oplus A^1$, $\|\mathbf{A}\| = \sum_{k=1}^{m+n} |a^k|$. В стандартном базисе $\{e_k, \omega_j\}$ можно найти структуру решения $\mathbf{x} = \exp(\, t\,\mathbf{A}\,)\boldsymbol{x_0}$ этой задачи. Имеем

$$\exp(\mathbf{A}) = \prod_{k=1}^{m+1} \exp\,(a^k e_k) \prod_{j=1}^{n-1} \exp\,(a^{m+1+j} \omega_j).$$

(4.3.1)

Здесь первый сомножитель в силу леммы 3.1.1. вычисляется легко, второй требует громоздких вычислений (см. лемму 3.1.2). Поскольку

$$\exp(a^k e_k) = 1_A + \sum_{i=1}^{\infty} \frac{1}{i!} (a^k e_k)^i = \sum_{j=1}^{m+1} e_j + e_k \sum_{i=1}^{\infty} \frac{1}{i!} (a^k)^i,$$

имеем $\prod_{k=1}^{m+1} \exp\,(a^k e_k) = \sum_{k=1}^{m+1} \exp\,(a^k)\, e_k$. Отсюда и (4.3.1)

$$\exp(\mathbf{A}) = \sum_{k=1}^{m+1} \exp(a^k)\, e_k \prod_{j=1}^{n-1} \sum_{i=0}^{\infty} \frac{1}{i!} (a^{m+1+j}\, \omega_j)^i.$$

Для алгебры $\widetilde{A}$ (4.1.1) exp (**A**) подробно вычислена в работе [22].

Содержание этой главы изложено в статьях [20] – [23].

Библиографический список

1. *Балк М. Б., Зуев М. Ф.* О полианалитических функциях // Усп. матем. наук. 1970. Т. 25, вып. 5(155). С. 203 – 226.

2. *Бейтмен Г., Эрдейи А.* Высшие трансцендентные функции. Эллиптические и автоморфные функции. Функции Ламе и Матье. М.: Наука, 1967. 300 с.

3. *Березин Ф. А.* Введение в алгебру и анализ с антикоммутирующими переменными. М.: Изд.- во Моск. ун – та, 1983. 208 с.

4. *Бицадзе А. В.* Краевые задачи для эллиптических уравнений второго порядка. М.: Наука, 1966. 204 с.

5. *Бицадзе А. В.* Некоторые классы уравнений в частных производных. М.: Наука, 1981. 448 с.

6. *Векуа И. Н.* Системы дифференциальных уравнений первого порядка эллиптического типа и граничные задачи с применением к теории оболочек //Матем. сб. 1952. Т. 31(73), № 2. С. 217 – 314 .

7. *Векуа И. Н.* Обобщённые аналитические функции. М.: Физматгиз, 1959. 628 с.

8. *Векуа Н. П.* Системы сингулярных интегральных уравнений и некоторые граничные задачи. 2- е изд. М.: Наука, 1970. 380 с.

9. *Вишневский В. В.* Полиномиальные алгебры и аффинорные структуры // Тр. сем. кафедры геометрии, вып. VI. Казань. Изд – во Казан. ун – та, 1971. С. 22 – 35 .

10. *Владимиров В. С.* Уравнения математической физики. М.: Наука, 1967. 436 с.

11. *Владимиров В. С., Волович И. В.* Суперанализ. 1. Дифференциальное исчисление // Теоретич. и мат. физика. 1984. Т. 59, № 1. С. 3 – 27 .

12. *Габринович В. А.* О краевой задаче типа Карлемана для одного класса F-моногенных функций // Литовский матем. сб. , 1977, №3. С. 137–138.

13. *Гахов Ф. Д.* Краевые задачи. М.: Физматгиз, 1963. 640 с.

14. *Кусковский Л. Н.* Об одном аналоге формулы Помпей и о функциях, моногенных в смысле В. С. Федорова // Уч. зап. Иван. гос. пед. Ин – та . 1973. Т. 2, вып. 1. С. 12 – 16 .

15. *Кусковский Л. Н.* О краевой задаче типа Римана – Гильберта // Дифференц. Уравнения. 1975. Т. XI, №3. С. 523 – 532 .

16. *Кусковский Л. Н.* Об одной краевой задаче Пуанкаре// Вестн. Иван. гос. ун – та. Сер.: Естественные, общественные науки. 2014. Вып. 2. С. 99 – 104 .

17. *Кусковский Л. Н.* Об одной обобщённой системе Коши – Римана с двумя независимыми комплексными переменными // Изв. вузов. Математика.1980. С. 45 – 46 .

18. *Кусковский Л. Н.* Об одном обобщении теории ареолярных производных // Изв. вузов. Математика. 1976. № 5(168). С. 112 – 115 .

19. *Кусковский Л. Н.* Об одном гиперкомплексном дифференциальном уравнении // Изв. вузов. Математика. 1979. № 10. С. 102.

20. *Кусковский Л. Н. Об алгебре векторов с одним определяющим уравнением //* Деп. ВИНИТИ. 1981, № 1426-81Деп. С. 1 – 10 .

21. *Кусковский Л. Н.* Обобщенные ареолярные производные и их приложения к дифференциальным уравнениям // Revue Roumaine math. pures at appl. 1986. Tome 31, № 7. С. 625 – 637 .

22. *Кусковский Л. Н.* Об одной дифференциальной системе // Изв. вузов. Математика. 1984. № 2. С. 87.

23. *Кусковский Л. Н.* Построение полиномиальной суперальгебры // Укр. матем. журн. 1990. Т. 42, № 2. С. 257 – 261 .

24. *Люстерник Л. А., Соболев В. И.* Краткий курс функционального анализа. М.: Высш. Школа. 1982. 272 с.

25. *Михайлов Л. Г.* Об одном способе исследования обобщённой системы Коши – Римана с двумя независимыми комплексными переменными // ДАН ТаджССР. 1974. Т. 17, № 9. С. 7 – 9 .

26. *Михлин С. Г.* Линейные уравнения в частных производных. М.: Высш. Школа, 1982. 271 с.

27. *Мусхелишвили Н. И.* Сингулярные интегральные уравнения. 3-е изд. М.: Наука, 1968. 512 с.

28. *Розенфельд Б. А.* Неевклидовы геометрии. М. : Гостехиздат. 1955. 548 с.

29. *Фёдоров В. С.* Об одном виде гиперкомплексных моногенных функций // Матем. сб. 1960. Т. 50(92), № 1. С. 101- 108 .

30. *Фёдоров В. С.* Об одном свойстве криволинейных интегралов // Матем. сб. 1949. Т. 24(66), № 1. С. 15 – 26 .

31. *Фёдоров В. С.* Об одном обобщении интеграла типа Коши в многомерном пространстве // Изв. вузов. Математика. 1957. С. 227 – 231 .

32. *Albert A. A.* Modern Higher Algebra. Chicago. 1937.

33. *Carleman T.* Sur les systémes linéaires aux dérivées partielles du premier ordre à deux variables // C.R. Paris. 1933, № 197, pp. 471 – 474.

34. *Pompeiu D.* Sur une classe de fonctions d́une variable // Rend. Circ. Mat. Palermo. 1912, № 33, pp. 108 – 113 ; 1913, № 35, pp. 277 – 281.

35. *Teodorescu N.* La dérivée aréolaire et ses applications dans la physique mathématique // Theses, Paris. Gauthier-Villars. 1931.

Оглавление

MIX
Papier aus verantwortungsvollen Quellen
Paper from responsible sources
FSC® C105338

Printed by Books on Demand GmbH, Norderstedt / Germany